과학 소녀, 추리를 시작합니다

1 일상 속 위기 편

과학 소녀, 추리를 시작합니다

1 일상 속 위기 편

SCIENCE X DETECTIVE

천웨이민 글 이광렬 감수

김진아 옮김 론론 그림

한국경제신문

과학이 재미있어지는
마법 같은 책

이광렬
고려대학교 화학과 교수

이 책은 여고생 탐정 '명설'이 뛰어난 관찰력과 화학 지식, 그리고 통섭적 사고를 바탕으로 복잡한 미스터리 범죄를 명쾌하게 해결해 나가는 과정을 보여줍니다. 탐정 명설과 함께 흥미진진한 사건을 추적하며 해결해 보세요. 책을 읽고 나면 지금까지 지루하게 느껴졌던 과학 수업 시간이 재미있어지는 마법 같은 일이 생길지도 몰라요.

과학 교과서에서 배운 지식이 유용해지는 책

서울과학교사모임

열네 가지 이야기, 200페이지가 넘는 이 과학 도서는 하루 만에 읽을 수 있을 정도로 재미있고 흥미진진합니다. 생활 속에서 충분히 경험하거나 상상할 수 있는 문제를 주인공 남매 명설과 명안의 과학적 추리를 통해 해결해 가는 과정이 무척 흥미롭지요. 특히, 추리 과정에서 다뤄지는 물리나 화학, 그리고 생명과학의 내용은 현행 2022 개정 교육 과정의 과학 교과서 내용과도 밀접하게 관련이 있습니다. 학생들은 이야기를 하나씩 읽는 동안 교과서에서 배운 지식이 실생활에 어떻게 적용되고 있는지 깨닫는 지식의 확장도 경험하게 됩니다. 재미와 유익을 모두 갖춘 이 책을 적극 추천합니다.

생활 속에서
그림자처럼 따라다니는 과학

루쥔량

이란현 위에밍 초등학교 자연 교사

탐정이나 추리라고 하면 수많은 명작이 떠오른다. 그런 작품의 주인공들은 세심한 관찰과 전문적인 사고를 하면서 종횡무진 하다가 마침내 완벽해 보이는 범죄 사건에서 단서를 찾고 사건 해결의 열쇠를 발견한다. 그렇게 누구나 다 아는 탐정이나 추리 명작들 외에, 오랫동안 과학 교육계에 몸담고 있는 천웨이민 선생님이 쓴 칼럼을 모아 만든 《과학 소녀, 추리를 시작합니다》 시리즈를 만나게 되어 기쁘다.

《과학 소녀, 추리를 시작합니다》는 비록 탐정과 추리를 기본 줄거리로 삼고 있지만 검은 옷을 입은 수상한 사람이나 화려한 폭파 장면, 밀실 살인 사건이나 황당무계한 내용은 등장하지 않는다. 마치 어디서 본 것만 같은 기시감이 들고 내 주변에서 일어날 법한 이야기만 가득할 뿐이다. 생물학, 지구과학, 물리학, 화학 교과서를 무료하게 읽으면서 속으로는 '시간을 허비하면서 이걸 읽어서 뭐 하지?' 싶을 때 《과학 소녀, 추리를 시작합니다》는 재미를 주고 과학 공부의 동기를 되찾아 준다.

어려서부터 어른이 될 때까지 과학 지식은 줄곧 '외워서 점수를 따기 위한' 공부에 머물렀을 뿐 깊이 파고드는 영역이 아니었다. 어릴 때는 많은 학생들이 자연 과목을 가장 좋아한다. 하지만 학년이 올라갈수록 과학 과목은 점점 이빨을 드러내고 발톱을 흔드는 괴물로 변해서 학생들에게 가장 큰 악몽이 된다. 잡담을 나누다가도 과학 이야기가 나오면 금방 화제를 바꾸며, 이야기할수록 분위기가 썰렁해지지 않을까 걱정하는 대화의 마침표 왕이 되었다. 그렇지만 과학 지식은 물고기와 물의 관계와 같다. 한가롭게 물속에서 헤엄치는 물고기에게 물은 중요하지 않아 보이지만, 물고기는 물을 떠나서는 살지 못한다. 우리가 과학 공부를 회피할 수는 있지만, 과학은 결코 우리를 떠나지 않는다. 과학은 언제 어디서나 그림자처럼 우리를 따라다니면서 우리 삶의 매 순간에 영향을 미친다.

선생님이나 부모님은 외출 시 무언가를 먹게 되는 경우 각별히 조심하라고 말씀하신다. 특히 음료수는 함부로 마시지 말라고 신신당부한다. 낯선 사람이 건넨 정체불명의 가루를 탄 음료수를 마시고 돈도 잃고 몸도 해치는 경우를 피하기 위해서다. 금광당(대만에서 위조지폐나 가짜 금으로 사기행각을 벌인 사기꾼들로, 지금은 일종의 사기꾼에 대한 멸칭으로 확대됨—옮긴이)들은 피해자에게 다가가 숨 한번 들이켜면 곧바로 의식을 잃게 만드는 약물을 쓴 뒤 통장의 돈을 모두 훔쳐 달아났다. 일본의 제과회사 글리코의 독극물 협박 사건이나 대만 왕수(진한 염산과 진한 질산의 혼합물—옮긴이) 살인 사건 등도 있다. 이런 사건들은 진짜 뉴스든 가짜 뉴스든 우리가 다음 피해자가 될 수도 있다는 두려움을 주며, 모두 과학과 관련 있는 범죄라 할 수 있다.

《과학 소녀, 추리를 시작합니다》 시리즈는 총 2권으로 이루어져 있다. 다루는 분야도 광범위하다. 당뇨병과 아세톤, 보툴리누스 독소, 손톱 미즈선, 일산화탄소, 탈륨, 탄저균, 로히프놀, 닌하이드린, 아크릴산 섬유, 디기톡신, 프로포폴, 아코니틴, 그리고 최근에 큰 관심을 끌고 있는 3D 프린팅 등에 대한 이야기도 나온다. 이런 전문 용어들 중 일부는 생전 처음 보거나 교과서에 나오지도 않으며 화학 전공자가 아닌 사람은 쉽게 읽지도 못하는 것들이다. 그렇지만 이렇게 생소한 단어들이 인류에게 약이 되기도 하고 독이 되기도 하며, 사람을 구할 수도 있고 해를 끼칠 수도 있다. 마치 로얼드 호프만의 《같기도 하고 아니 같기도 하고》라는 책에서 언급한 것과 같다.

"오늘날의 문명이 이룩한 수많은 성과에서 화학의 공헌을 빼놓을 수는 없다. 반면 수많은 재난도 화학을 빼놓고 생각할 수는 없다. 화학은 칼의 양날과 같아서 적을 이길 수도 있고 악을 행할 수도 있다."

《과학 소녀, 추리를 시작합니다》는 수수께끼를 풀어가는 멋진 과정에서 해결의 실마리를 과학 문제와 연결 짓는다. 풍부한 과학 지식을 이용해 오리무중에 빠진 형사 사건을 마치 실을 뽑으며 누에고치를 벗기듯 풀어나가고, 생활 속에서 접할 수 있는 화학 물질에 대해서도 제대로 알려준다. 이러한 내용은 모두 훌륭하고 자세히 읽어볼 만하다.

관찰은 이론에 내포된 것이며, 호기심은 탐구의 원동력이다. 최근 몇 년간 대학수학능력시험의 자연 계열 문제는 갈수록 시사와 결부되고 있다. 이제 공부는 세상에서 일어나는 일들을 잘 알고 배운 것을 응용해서 생활 속 난제를 해결할 수 있어야 한다.

주인공 명설과 명안은 화학에 관심을 가지고 이를 일상생활에 활용하여 미스터리한 사건을 해결하고 주위 사람들을 돕는다. 그들은 과학에 대한 열정, 지식에 대한 탐구, 유연한 사고에 의지해 문제를 해결해 나간다. 이것이야말로 지식을 제대로 사용하는 가장 좋은 본보기일 것이다. 작가인 천웨이민 선생님은 주인공 남매를 통해 엑스터시, 산화 환원 지시약 등 사회 뉴스에서 흔히 볼 수 있는 사건들을 이야기 속에 녹여낸다. 생활과 밀착된 점 외에도 화학 분야의 신비로운 이야기를 실생활에서 생생히 엿볼 수 있고, 그래서 계속해서 읽고 싶게 만든다. 과학 교양서나 참고서와 견주어도 될 만큼 유용한 책이다.

사건 사고 속에 숨은
과학 원리를 찾아서

《과학 소녀, 추리를 시작합니다》 시리즈는 폐간된 대만 청소
년 잡지 〈유사소년幼獅少年〉의 '다 함께 사건을 해결하자大家來破案' 코
너의 글을 모아서 만든 책이다. 1976년에 창간된 〈유사소년〉은
역사가 오래되고 여러 차례 상을 받은 우수 간행물이지만, 지금
은 거대한 출판 환경의 변화를 이기지 못하고 폐간되어 많은 사
람의 안타까움을 샀다.

명탐정 소녀 명설은 타이베이현 청년 잡지 〈청년세기靑年世紀〉
에서 탄생했다. 후에 대만 신문 〈중국시보中國時報〉의 눈에 띄어
해당 신문 북부판에 경품 응모 코너로 실렸다. 독자들의 반응이
아주 좋아서, 매번 글이 실리는 날이면 신문사의 팩스 용지가

바닥나곤 했다. 신문사와 합작이 끝난 뒤에는 〈유사소년〉의 요청을 받아서 지면을 그곳으로 옮긴 후 계속 글을 실었다.

명설이 〈유사소년〉에 처음 등장한 것은 2003년 9월(323호)이었다. 코너 이름은 '과학 탐정왕科學偵探王'이었고(너무 오래되어서 코너 이름이 있었다는 것도 까먹었다), 제목은 '다 함께 사건을 처리하자大家來辦案'였다. 처음에는 매달 1편씩 실었고, 후에 일이 바빠서 잠시 연재를 멈춘 적도 있다. 나중에 다시 연재를 시작했을 때는 제목이 '다 함께 사건을 해결하자'로 바뀌었다. 그 후 몇 회는 그림으로 그렸으며, 다시 이야기 코너로 바뀐 뒤로는 원고를 쓸 시간을 많이 낼 수 없어서 격월로 실었는데 폐간될 때까지 계속 그렇게 진행했다.

그러는 동안 세월이 많이 흘러서 타이베이현은 신베이시로 승격되었고, 〈청년세기〉와 〈유사소년〉은 폐간되었는데(어이쿠, 둘 다 내가 문을 닫게 했군!) 오직 명설만 아직 고등학교에 다니고 있다. 잡지가 폐간되었으니 앞으로 더 이상 이 시리즈의 글은 쓰지 않을 생각이다. 그러니까 이번 책이 명설의 마지막 무대인 셈이다.

수십 년간 써온 이 글들을 처음에는 아주 쉽게 썼다. 손에 잡히는 대로 과학 원리 하나를 집어 들면 탐정 이야기 한 편을 뚝딱 써 내려갈 수 있었다. 하지만 한번 써먹은 소재는 중복해서 쓸 수 없고 내 능력도 부족해서 갈수록 글쓰기가 어렵고 복잡해졌다. 소재가 부족할 때는 사회 뉴스에서 글감을 얻었다. 어쨌거나 뉴스에는 사기, 강도, 유괴 등 범죄 사건이 늘 넘쳐났으니까 말이다. 전문 지식이 부족할 때는 책을 많이 읽었다. 이 글들을 쓰기 위해서 나는 정기적으로 국제 감식 과학 저널을 읽었다. 그것은 글쓰기의 소재가 되었을 뿐만 아니라 내 수업에도 큰 도움이 되었다.

이야기의 배경이 학교에 국한되는 것을 피하려고 여행도 자주 갔다. 책에 묘사된 풍물들은 모두 내가 일상 혹은 여행 중에 보고 들은 것들이다. 이제 와서 다시 읽어 보니 당시 사회 분위기나 글을 구상했을 때의 몸부림이 눈에 선하다.

과학 원리는 국경이 없다. 뉴턴의 운동 법칙은 영국, 이탈리아, 대만에서도 똑같이 적용된다. 물리화학 원리와 법칙은 우주나 다른 은하에도 똑같이 적용된다. 그렇지 않으면 우리는 헬리혜성의 주기를 추산할 수 없고 태양에 어떤 원소가 있는지 알수 없다. 하지만 풍경과 운치는 지역마다 다르다. 사하라 사막과 르웨탄 호수는 완전히 다른 풍경이고, 티베트인의 장례 풍속인 천장(시신을 조각내어 독수리에게 바침으로써 영혼을 하늘로 인도하는 장례 의식—옮긴이)은 대만에서 받아들여지기 어렵다.

이 책에 나오는 이야기 속 인물, 사건, 때와 장소, 물건은 완전히 토착적이다. 형사 사건 대부분은 대만에서 실제로 발생한 적이 있다. 발생 장소를 포함해 최대한 실제 상황과 비슷하게 쓰면서 이야기 전개에 맞게 조금 각색했다. 시간적으로는 지난 20여 년 동안 대만에서 끊임없이 일어난 크고 작은 사건들을 집어넣었는데, 타이중 꽃박람회, COVID-19 발병 등도 포함되어 있다. 명설도 우리와 마찬가지로 이곳에서 태어나서 이곳에서 자랐다.

어지러운 세상 속에 살면서 과학 원리를 읽고 쓰고 가르칠 때면 마음속으로 종종 평온함을 느낀다. 왜냐하면 과학적인 태도는 편파적이지 않고 증거를 따지기 때문이다. 의견이 다를 때면 실험을 통해 누가 옳은지 검증한다. 또한 수많은 과학 연구는 매우 섬세해서 사람들 표면의 베일을 벗기고 사건의 배후를 알아낼 수 있다.

예를 들어 《과학소녀, 추리를 시작합니다》 2권의 '수국이 가르쳐준 유괴범의 거처' 편에서는 농장 주인이 이런 말을 한다.

"이 수국들의 품종은 완전히 똑같아. 수국은 토양의 산도와 알칼리도에 따라 다른 색을 띨 수 있거든. 그래서 수국을 재배할 때, 일부러 각 구역의 흙에 서로 다른 첨가물을 뿌리지. 예를 들어 석회나 커피 찌꺼기나 달걀 껍데기 같은 것들을 뿌려. 그렇게 하면 토양의 산도와 알칼리도가 달라져서 그곳에서 피어나는 수국의 색깔도 달라진단다."

하지만 이것은 표면적인 원인일 뿐이었다. 만약 그 부분에 대한 과학적 이해가 깊지 않았다면 사건은 해결될 수 없었을 것이다. 명설 아빠는 수국 변색의 진짜 원인은 알루미늄에 있다고 지적했다. 토양의 산도와 알칼리도는 알루미늄의 용해도에 영향을 줄 수 있고, 그로 인해 수국 꽃잎의 안료인 안토시아닌과 알루미늄의 결합에도 영향을 준다는 것이다. 그래서 그들은 황산알루미늄 공장을 찾았고, 그곳에 갇혀 있던 인질을 찾아냈다. 수국의 변색 반응 구조를 밝히는 과학 추리는 아름다워 보일 정도다.

책에서 과학 지식을 적지 않게 소개했는데, 그것이 글을 쓰는 과정에서 큰 기쁨을 주었다. 부디 여러분도 이 두 권의 책을 읽으면서 나와 같은 기쁨을 느끼길 바란다.

천웨이민

아빠
고등학교 화학 선생님이다.
명설은 사건 해결 과정에서
화학 문제가 생기면
아빠에게 조언을 구한다.

엄마
은행원이다.
사건 해결에는 별 관심이 없고
오직 가족의 평안을 바란다.

명설
고등학생. 과학을 좋아하며,
학교 화학 동아리의 회장이다.
과학 지식을 이용해 경찰이 사건을
해결하는 데 늘 도움을 주며,
장래에 법의학자나
감식 전문가가 되고 싶어 한다.

명안
초등학생. 야구와 먹는 것을 좋아한다.
관찰력이 뛰어나며,
다양한 브랜드의 자동차에 대해 잘 안다.
항상 날카로운 관찰력으로
사건 해결의 실마리를
경찰에게 제공한다.

이웅
형사 반장. 체격이 좋으며,
명설 아빠와는 동창이다.
명설과 명안의 의견을 존중해 주며
그로 인해 사건을 해결한다.

위백
사립 탐정. 무술 고수.
때때로 보험 회사와 협력하여
보험금 사기 사건을
수사하고 해결한다.

지안
감식 전문가.
이웅과 협력하여 사건을 해결한다.
명설에게 감식 전문 지식을 알려주어
명설이 이를 참고할 수 있게 돕는다.
어떨 때는 명설에게
간단한 검사 업무도 맡긴다.

차례

산화 환원 지시약으로 찾은 실종자

오늘 아침 명안은 아침을 먹으며 신문을 읽었다. 밥을 다 먹고 학교에 갈 준비를 하려는데, 뜻밖에도 신문 기사 하나가 명안의 눈길을 끌었다. 한 외국인 관광객이 실종되어 그의 가족들이 급히 대만으로 왔다는 뉴스였다.

명안은 기사를 좀 더 자세히 읽어보았다. 미르라는 이름의 러시아 청년이 대만으로 배낭여행을 왔는데, 벌써 일주일째 연락이 되지 않는다는 것이다. 미르는 우산터우 댐에서 찍은 셀카 사진을 페이스북에 올린 것을 마지막으로 연락이 끊겼으며 휴대전화도 꺼졌다. 원래 그는 가족에게 매일 안부를 전하겠다고 약속하고 혼자 여행을 갔었다. 그런데 일주일째 연락이 되지 않자, 가족들이 다급한 마음에 비행기를 타고 대만으로 와서 경찰에게 도움을 요청한 것이다.

일주일 전? 우산터우 댐? 명안은 기사를 보는 순간 지난 주말에 가족과 함께 그곳에서 있었던 일을 떠올리지 않을 수 없었다. 4일 전에 명안 가족도 주말을 맞아 타이난에 놀러 갔었다.

그날 명안 가족은 아빠가 운전하는 차를 타고 새벽에 출발해서 정오쯤 타이난에 도착했다. 그들은 먼저 한 농가에 들러서 대만 전통 음식을 먹었고 오후에는 대만 역사박물관을 관람했다. 박물관을 재미있게 둘러보고 밖으로 나왔을 때는 이미 날이 어두웠다.

명안이 아빠에게 물었다.

"오늘 밤에 우리 어디서 자요?"

"공업연구소에서 잘 거야…."

나머지 세 사람은 깜짝 놀랐다.

"네? 연구소라고요? 뭔가 잘못된 거 아니에요?"

아빠는 웃으면서 말했다.

"공업연구소의 남쪽 지부가 타이난시의 류자구에 있어. 연구소라는 말에 놀랄 거 없어. 그 연구소는 개방되어 있고 일반인들의 관람도 받거든. 게다가 연구소 안에 게스트하우스도 있는데 저렴한 비용으로 숙박할 수도 있단다. 다만 아빠가 미리 밝혀두는데 말이야, 거긴 일반적인 호텔이 아니어서 서비스 직원이나 호화로운 부대시설은 전혀 없고 음식도 제공되지 않아. 대신 손님들이 사용할 수 있는 주방은 있어."

그 말을 듣고 명설은 흥분해서 말했다.

"사실 숙소가 그렇게 화려할 필요는 없잖아요. 깨끗하고 조용하기만 하면 되죠. 게다가 주방이 있다니까, 우리가 직접 재료를 사서 요리해 먹으면 정말 재밌겠어요."

그러자 엄마가 말했다.

"오늘은 다들 지쳤으니 괜히 저녁 만든다고 힘쓰지 말자. 이따가 마트에서 다 조리된 음식을 사서 먹으면 돼."

아빠는 내비게이션으로 근처 마트를 검색했다. 2킬로미터 떨어진 곳에 큰 마트가 있는 것을 발견한 가족들은 차를 몰고 그곳에 음식을 사러 갔다.

엄마는 조리 식품 코너를 한 바퀴 둘러보더니 치킨 한 마리를 사서 나누어 먹기로 결정했다. 아빠는 음식이 부족할까 봐 국수를 가져왔다. 명안은 스낵 코너의 과자를 집어 들었다. 쇼핑을 끝내고 그들은 차에 올라 숙소로 출발했다.

저녁 식사를 마치고 조금 전 사온 과자의 포장을 뜯던 명안은 비닐로 개별 포장된 과자 속에 들어 있는 흰 종이를 발견했다. 흰 종이에는 좁고 기다랗게 생긴 붉은색 종잇조각이 붙어 있었고 그 위에 '산화 환원 지시약'이라고 적혀 있었다.

"엥? 산염기 지시약(수소 이온 농도 pH 변화를 측정하는 데 사용되는 지시약
—옮긴이)은 자연 시간에 배웠지만 산화 환원 지시약이란 건 처음
들어봐요. 이게 뭐예요?"

호기심이 생긴 명안은 포장지에 적힌 설명을 읽어보았다.

"'산화 환원 지시약'이 변색되었다면 포장 안의 식품을 먹지
마시오."

아빠는 명안이 궁금해 하는 것을 보고는 이렇게 말했다.

"어떤 식품이나 약품을 만드는 제조업체에서는 제품이 운송
되거나 판매되는 과정에서 포장이 파손되어 공기가 들어가 변
질될까 봐 걱정한단다. 그럴 경우 포장 안에 산화 환원 지시약
을 넣지. 일단 포장이 파손되면 지시약 색깔이 변색되는데, 그
땐 소비자가 더 이상 그 제품을 사용해서는 안 돼."

명안은 반신반의하며 비닐 포장을 뜯어보았다. 안에 들어 있
던 붉은색 종잇조각은 얼마 지나지 않아 보라색으로 변했다.

"포장을 뜯으니 색이 변했네요. 제품이 변질되지 않았다는 게
증명되었으니 안심하고 먹어도 되겠어요."

그렇게 말한 뒤에 명안이 과자를 한입에 먹어치우자 가족들
이 깔깔 웃었다.

다음 날 아침, 명설과 명안이 일어나자 아빠가 말했다.

"이 게스트하우스에서는 아침 식사를 제공하지 않는단다. 그러니 엄마랑 아빠가 차를 몰고 시내에 나가서 뭘 좀 사 올게. 그동안 너희 둘은 숙소 앞에 있는 저 산길을 따라 걸어가렴. 그러면 우산터우 댐에 도착할 수 있거든. 우리가 음식을 사 가지고 그곳에서 너희를 기다리고 있을게."

"네? 저희 둘이 알아서 가라고요? 길을 잃으면 어쩌려고요?"

명설과 명안은 아빠가 농담하는 줄 알았다.

"걱정 마. 그 길을 따라 등산하는 사람들이 많으니까 그 사람들을 따라가면 돼."

그렇게 말하고 아빠와 엄마는 차를 타고 숙소를 떠났다.

명설과 명안은 하는 수 없이 표지판을 따라 우산터우 댐으로 향했다. 과연 길에는 일찍 일어나 운동하러 나온 사람들이 많았다. 그들은 삼삼오오 걸으면서 이야기를 나누고 있었다. 심지어 달리기를 하는 사람도 있었다. 명설과 명안은 배가 고파서 평소보다 조금 느리게 걸었다. 얼마 지나지 않아 산길에는 명설과 명안 둘만 남게 되었다. 그때 마침 어떤 갈림길 앞에 이르렀다. 두 사람은 어느 길로 가야 할지 몰라 의논한 끝에 왼쪽 길로 가기로 했다. 그 후로도 둘은 계속 걸어갔지만 여전히 주위에는 아무도 보이지 않았다. 그래도 길을 따라가는 내내 무성한 나뭇잎 사이로 댐의 물이 보였다. 계속 저수지를 끼고 걸으면 댐에 도착할 거라는 생각에 두 사람은 조금 안심했다.

한 30분쯤 걸었을까. 어떤 커다란 나무 앞에 이르렀을 때 너무 배고프고 피곤했던 명안이 나무 밑에 털썩 주저앉아 쉬었다. 그러다가 나무 밑 잡초 속에서 자신이 읽을 수 없는 이상한 글자가 적힌 작은 종이 상자를 발견했다. 명안은 호기심에 종이 상자를 열어보았다. 안에는 유리병이 들어 있었다. 유리병을 꺼내 보니 약처럼 보이는 갈색 캡슐이 조금 들어 있고 붉은 종잇조각도 하나 들어 있었다.

"어, 누나, 이것 봐. 이 안에도 산화 환원 지시약이 들어 있어!"

명안은 병뚜껑을 열고 그 종잇조각을 꺼냈다.

"남의 약인데 함부로 건드리지 마!"

명설은 동생을 말리려고 했지만 이미 늦은 뒤였다.

"상관없잖아. 어차피 바닥에 버려져 있던 건데. 아무도 찾지 않을 거야."

종잇조각은 병에서 꺼내자마자 곧 파란색으로 변했다.

"엥? 이건 어제 먹었던 과자 안에 들어 있던 거랑 색깔이 다르네. 둘 다 기념으로 남겨야겠다."

두 아이는 그곳에서 충분히 휴식을 취한 뒤에 30분 정도 더 걸어서 마침내 우산터우 댐에 도착했다. 아빠는 그곳 주차장에 차를 세워두고 찐만두와 된장국을 차려놓은 채 아이들을 기다

리고 있었다. 명안은 너무 배가 고파 차려놓은 음식을 허겁지겁 먹느라고 나무 밑에서 약상자 주운 이야기를 꺼낼 틈이 없었다. 그런데 러시아 배낭 여행자 미르의 실종 소식을 보자마자 명안은 그날 나무 밑에서 약상자를 발견한 일이 저도 모르게 떠올랐다. 그럼 그 이상하게 생긴 글자가 설마 러시아어였나? 명안은 얼른 자신의 의문점을 엄마 아빠에게 털어놓았다.

"이상하게 생겼다던 그 글자, 혹시 묘사해 볼 수 있니?"

"영어랑 비슷하게 생겼지만 영어는 아니었어요. 게다가 N자는 좌우가 거꾸로 적혀 있었어요."

그날 명안과 함께 상자를 봤던 명설이 이상한 글자에 대해 덧붙여 말했다.

"흠, 그건 러시아어가 틀림없구나. 이거 아주 중요한 정보네. 경찰에게 분명 좋은 단서가 되겠어. 혹시 그때 그 약상자 아직 가지고 있니?"

아빠가 물었다. 명안은 조금 난처해 하며 대답했다.

"누나가 별것 아닌 것에 흥분한다고 해서 나머지는 그대로 두고 산화 환원 지시약만 챙겼어요."

명설도 가만히 있을 수 없었다.

"그게 형사 사건이랑 관련 있을 줄 알았나, 뭐? 그리고 원래 그런 건 함부로 주우면 안 되는 거잖아!"

엄마는 티격태격하는 남매를 급히 말렸다.

"얘들아, 싸우지 마. 일단 그 산화 환원 지시약이라도 경찰에 보내야겠어. 사건 경위를 밝히는 데 도움이 되는 무슨 단서가 있을지도 모르니까. 근데 타이난은 너무 머니까, 이웅 아저씨가 처리하도록 너희가 갖다 드리렴!"

엄마는 이어서 말했다.

"사람을 구하는 게 우선이야. 그 관광객은 실종된 지 일주일이 지났어. 서둘러 찾아내기 전에 무슨 위험한 일이라도 생기면 큰일이잖아. 그러니까 얘들아, 학교는 조금 늦게 가야겠다."

명설과 명안은 곧바로 학교에 전화를 걸어 사정을 말한 뒤에 서둘러 경찰서로 갔다. 그런데 이웅은 사건 때문에 외출 중이었다. 그래서 명설은 경찰서 실험실에 있는 감식 전문가 지안을 찾아갔다. 사건 경위를 듣고 난 지안은 말했다.

"일단 타이난 경찰서에 이 사실을 알려야겠구나. 그리고 그 두 개의 산화 환원 지시약은 이곳에서 내가 직접 검사해 봐야겠어. 뭔가 발견하면 담당 경관에게 다시 전달하면 되니까. 너희 둘은 잠시 밖에 나가서 기다리렴. 만약 그 약이 미르의 것이 맞으면 타이난 경찰이 너희에게 더 자세한 상황을 말해달라고 할 거야."

두 남매는 실험실 밖으로 나가 결과를 기다렸다. 졸음이 쏟아

지려고 할 때쯤 지안이 그들을 안으로 불렀다.

"화학 실험 결과, 두 산화 환원 지시약의 성분이 비슷하다는 게 밝혀졌어. 하지만 비율이 좀 달라. 두 가지 모두 장밋빛을 띠고 있으니 붉은 색소가 들어 있다는 걸 알 수 있지. 그리고 둘 다 메틸렌블루도 들어가 있어. 메틸렌블루는 산화되지 않았을 때 무색이기 때문에 원래 종잇조각의 색인 붉은색을 띠고 있어. 대만 과자에 사용된 지시약에는 메틸렌블루가 무색을 띠게 하려고 비타민C를 환원제로 첨가했지. 외국 지시약의 경우에는 포도당을 환원제로 썼는데, 성분은 다르지만 효과는 비슷해."

여기까지 듣자 명안은 머리가 어질어질했다. 무슨 뜻인지 몰라 질문을 하려는데 명설이 고개를 가로저으며 말려서 그냥 계속 들을 수밖에 없었다. 아무튼 모르는 건 나중에 명설에게 물어보면 되니까 말이다.

"…일단 포장을 뜯으면 산소가 메틸렌블루를 파란색으로 산화시켜. 대만의 지시약 배합은 메틸렌블루의 양이 적기 때문에 파란색과 빨간색이 섞인 보라색으로 변했어. 반면 또 다른 지시약에는 메틸렌블루의 양이 아주 많았어. 그래서 원래의 붉은색을 누르고 완전히 파란색으로 바뀌었지. 이 두 종류의 지시약은 원리는 같지만 조제법이 다르기 때문에 제약업체가 어딘지 추적할 수 있어. 방금 미르의 가족과 통화를 했는데, 미르는 빈혈이 있어서 날마다 철분제를 복용해야 한대. 그래서 러시아에서 출발할 때 배낭에 철분제를 약상자째 넣어서 갔다는 거야. 가족들이 말해준 자료를 근거로 러시아 제약회사에 연락했고, 그 제약회사가 생산한 철분제에 이와 똑같은 산화 환원 지시약이 들어 있다는 걸 확인했지. 성분 비율도 내가 검사한 결과와 일치했어. 바꿔 말하면 너희가 주운 게 미르가 떨어뜨린 약이 맞다는 거야. 지금 당장 타이난 경찰에게 너희가 약상자를 발견한 장소를 정확히 말해주면 좋겠구나."

이렇게 말하고 나서 지안은 어디론가 전화를 걸더니 스피커 모드로 전환했다.

"방 경관님, 약상자를 주운 아이들이 여기 함께 있습니다. 궁금하신 점이 있으면 물어보세요."

수화기 너머로 여자 경관의 목소리가 들렸다.

"두 친구, 반가워요. 나는 관티엔 지국의 방 경관이에요. 단서를 제공해 줘서 고마워요. 그런데 우산터우 댐 일대가 너무 넓어서 우리 경찰들이 흩어져서 찾는다 해도 실종자를 빨리 찾을 수가 없어요. 그러니 그걸 주운 장소가 어딘지 좀 더 자세히 말해줄래요? 그러면 실종자가 지나간 길을 추측해서 수색 범위를 좁힐 수 있어요."

명안이 말했다.

"커다란 나무 아래였어요."

방 경관의 웃음소리가 들렸다.

"친구, 그곳에는 큰 나무가 너무 많아요! 그렇게 말하면 우리가 장소를 특정할 수 없어요."

그러자 명안보다 나이가 많은 명설이 숙소에서 나와 갈림길을 만난 뒤 어디로 갔는지 구체적으로 설명했다.

"…그런 다음 어떤 큰 나무 아래에서 쉬다가 그 상자를 주웠어요. 그 나무는 높이가 20미터 정도 되는 것 같았고요, 줄기는 곧고 나무껍질이 마치 양초를 바른 듯 반질반질했어요…."

방 경관은 흥분해서 말했다.

"들어보니 남방배롱나무 같군요. 흔히들 '원숭이가 오르기 힘든 나무'라고 부르죠. 그렇게 말해주니 어딘지 알 것 같아요. 고마워요. 실종자를 찾으면 꼭 다시 알려줄게요."

통화가 끝나고 명설과 명안은 서둘러 학교로 돌아와 수업을 들었다. 오후 수업을 끝마치고 집으로 돌아오니 엄마 아빠가 거실에서 손님 두 명과 이야기를 하고 있었다. 한 사람은 검은 머리의 외국인 중년 남자였고, 또 한 사람은 제복을 입은 여자 경관이었다. 엄마 아빠는 자랑스러운 얼굴로 손님들에게 아이들을 소개했다.

"얘네들이 바로 약상자를 발견한 아이들이에요."

31

그러자 여자 경관이 웃으면서 자신을 소개했다.

"난 방 경관이에요. 이분은 미르의 아버님인 굴라 씨고요. 여러분이 상세하게 장소를 말해준 덕분에 수색 범위를 좁혔고 오늘 오후에 미르 씨를 찾을 수 있었어요. 미르 씨는 철분제를 잃어버리고 지병인 빈혈 증상이 나타나 어지러워하다가 산골짜기에서 굴러 떨어졌어요. 그때 다리가 부러져서 다시 위로 올라갈 수 없었고, 휴대전화까지 망가져서 구조를 요청할 방법이 없었대요. 배낭에 들어 있던 건조식품 몇 봉지와 물 한 병으로 일주일을 버텼죠. 우리가 미르 씨를 발견했을 때는 간신히 숨만 붙어 있는 상태였어요. 만약 시간이 조금만 지체되었더라면 불행한 일이 일어났을지도 모릅니다. 두 사람의 협조 덕분에 미르 씨가 구조될 수 있었어요. 미르는 아직 몸이 쇠약하고 다리도 다쳤기 때문에 입원 치료를 받아야 해요. 그런데 미르 씨 아버님이 이곳으로 와서 두 사람에게 꼭 감사의 표시를 하시겠다고 고집을 부리셔서 고속열차를 타고 왔답니다."

굴라 씨는 환하게 웃는 얼굴로 뭐라 말했다. 남매는 한마디도 알아듣지 못하고 그저 웃으면서 고개만 끄덕거렸다.

굴라 씨는 그곳을 떠나면서 아이들에게 선물을 주었다. 손님이 떠난 뒤, 아이들은 급히 선물을 뜯어보았다. 명설이 받은 것은 러시아 나무 인형 한 세트였다.

"너무 예쁘다!"

명설은 기뻐하며 동생에게 자랑했다. 명안도 이에 질세라 말했다.

"난 무슨 선물을 받았는지 맞혀봐! 캐비아야! 게다가 포장 안에 산화 환원 지시약도 들어 있어!"

그 말에 가족들은 터져 나오는 웃음을 참을 수가 없었다.

사건 너머의 과학

약품이나 식품 포장 속에는 '산화 환원 지시약'이 들어 있다. 산화 환원 지시약의 색이 변해 있는 경우, 포장된 약품 및 식품은 더 이상 섭취해서는 안 된다.

'산화 환원 지시약'으로 사용할 수 있는 화합물은 매우 많다. 가장 흔한 것은 메틸렌블루^{methylene blue}다. 메틸렌블루는 산화 상태에서는 파란색이고, 환원 상태에서는 무색이다. 메틸렌블루는 반드시 몇 가지 물질과 혼합해야만 산화 환원 지시약으로 사용할 수 있다. 그중에는 환원제(예를 들어 비타민 C 혹은 포도당)와 적색 색소(보통 로즈 플록신 B)가 포함되어 있다. 환원제는 메틸렌블루를 무색으로 만들어주기 때문에, 우리는 장밋빛 분홍색만 볼 수 있다. 그러다가 일단 산소와 접촉하면()5%) 메틸렌블루는 산화되어 파란색으로 변한다. 만약 메틸렌블루의 색이 색소의 색을 압도한다면 지시약은 파란색을 띨 것이다. 만약 파란색과 빨간색의 양이 비슷하다면 지시약은 보라색을 띤다.

다시 한번 강조하지만, 지시약의 색이 변해 있으면 포장이 파손되어 안에 들어 있는 약품과 식품이 이미 변질되었을 수 있다는 의미이므로 섭취해서는 안 된다.

파티에서 마신
수상한 '독'

명설은 화학 동아리의 회장이다. 이번 주 동아리 수업의 주제는 요소 포름알데히드 수지였다. 요소 포름알데히드 수지는 열경화성 플라스틱의 일종으로 열을 가해도 녹지 않는다. 그래서 우산과 조리용 뒤집개의 손잡이, 그리고 전자제품 케이스를 만드는 데 적합하다.

명설과 반 친구인 오운혜는 방과 후에 남아서 선생님의 지도를 받았다. 정식 수업 때 동아리 간부가 주동적으로 나서서 활동하길 선생님이 바랐기 때문이다. 실험에 필요한 장비와 약품을 모두 흄후드(화학실험에 많이 사용하는 안전 장비로, 연구자가 실험 도중 좋지 않은 공기나 물질을 흡입하지 않도록 밖으로 배출해 주는 역할을 함—옮긴이) 안에 넣어놓은 뒤 선생님은 설명을 시작했고 명설과 운혜는 그대로 행동에 옮겼다. 선생님이 지시했다.

"우선 포름알데히드 수용액 10밀리리터를 준비해."

명설이 포름알데히드 수용액이 든 유리병을 열었다. 그러자 코를 찌르는 냄새가 났다. 명설은 깜짝 놀라 저도 모르게 소리쳤다.

"윽, 지독해!"

선생님이 곧바로 설명해 주었다.

"그게 바로 너희가 생물 시간에 표본을 만들 때 쓰는 포르말린이야! 상온에서 포름알데히드 자체는 기체이기 때문에 보통은 물에 녹여 수용액을 만들어야 사용하기 편리하단다. 우리가 사용하는 포르말린은 약 40퍼센트 농도의 포름알데히드 수용액이야. 포름알데히드에는 독성이 있어. 그래서 이 실험은 반드시 흄후드에서 진행해야 해."

명설은 눈금실린더에 포름알데히드 수용액 10밀리리터를 부은 뒤 그걸 작은 비커에 옮겨 담았다.

"그다음엔 요소 고체를 꺼내서 포름알데히드 수용액에 녹여 포화 상태로 만들자."

운혜는 '요소'라고 표시된 하얀 고체를 쳐다보았다.

"요소요? 저것도 냄새가 지독한가요? 제가 도우미를 할 차례에 이런 냄새 나는 실험을 하다니, 정말 운이 없네요."

선생님은 조금 난처해 하며 말했다.

"요소는 냄새 안 나! 물에 오래 담가두면 요소가 물과 반응해서 암모니아 가스를 발생시키지. 그런 원리로 오줌에서 냄새가 나는 거야. 그러니까 소변을 본 후에는 빨리 물을 내려야 악취가 나지 않는단다."

운혜는 반신반의하며 뚜껑을 열었다. 안에는 소변과는 아무런 연관도 없어 보이는 흰색 고체가 들어 있었다. 운혜는 용기 입구에 코를 가까이 대고 손으로 부채질하며 가볍게 냄새를 맡아보았다. 과연 아무런 냄새도 나지 않았다.

운혜는 스패철러^{spatular}(소량의 시약 또는 종자를 다룰 때 쓰는 주걱 모양의 도구—옮긴이)로 요소를 조금 꺼내어 작은 비커에 넣고 유리 막대로 몇 번 저어보더니 곤혹스러워하며 물었다.

"포화요? 얼마나 넣어야 포화가 되는 걸까요?"

선생님이 입을 열기도 전에 명설이 운혜의 어깨를 톡톡 두드렸다.

"포화 용액은 더 이상 녹지 않을 때까지 녹이는 거야. 요소를 조금씩 추가하면서 더 이상 녹지 않을 때까지 계속 저어주면 포화 상태가 돼. 부탁할게."

운혜는 멋쩍은 듯 혀를 살짝 내밀더니 곧바로 비커에 요소 한

스푼을 더 넣고 유리 막대로 저었다. 그러자 하얀 고체가 다시 녹았다.

"와, 너무 차갑다! 왜 이런 거죠?"

명설도 손을 뻗어 비커를 만져보았다. 엄청 차가웠다. 명설이 선생님께 물었다.

"선생님 이건 요소가 포름알데히드 수용액에 용해되는 것이 흡열 반응(주변으로부터 열을 흡수하는 화학 반응—옮긴이)이라는 의미인가요?"

선생님은 고개를 끄덕였다.

운혜는 요소를 추가하고 유리 막대로 젓는 일을 여러 번 반복했다. 마침내 비커 바닥에 소량의 하얀 고체가 남더니 아무리 저어도 사라지지 않았다.

"와! 드디어 포화 상태가 됐어."

그러자 선생님이 신중하게 말했다.

"이제 마지막 단계만 남았어. 진한 황산을 넣는 거지. 이 단계에서는 열이 대량 방출돼. 그러니까 너무 가까이 가면 안 돼. 높은 열이 비커 안에 있는 포름알데히드 수용액에서 흰 연기를 내뿜게 하거든. 그 연기엔 독성이 있으니 들이마시지 않도록 조심하고."

이어서 선생님은 아이들의 두 손이 들어갈 정도의 좁은 틈만 남겨 두고 흄후드의 유리문을 아래로 내렸다. 아이들의 얼굴과 약품 사이에 유리문이 가로막고 있는 상태가 되었다. 선생님은 흄후드 상단의 환풍기 스위치를 켜고 말했다.

"이제 황산을 천천히 떨어뜨려도 좋아."

명설은 비커에 진한 황산 몇 방울을 떨어뜨리고 유리 막대로 재빨리 섞었다. 과연 비커에서 흰 연기가 뭉게뭉게 피어올랐다. 손에 들고 있던 비커가 갑자기 뜨거워지는 것을 느낀 명설이 혼잣말로 중얼거렸다.

"요소와 포름알데히드가 반응하여 수지를 생성하는 단계에서 발열 반응(흡열 반응과 반대로 열을 방출하는 화학 반응—옮긴이)이 일어나는 구나"

명설이 말을 마치자마자 비커 안의 수용액이 전부 고체로 변했다. 선생님이 말했다.

"그게 바로 요소 포름알데히드 수지야."

실험이 성공적으로 끝난 뒤, 선생님은 두 사람에게 내일 각 조에서 쓸 재료와 기구들을 미리 챙겨두라고 지시하고는 먼저 실험실을 떠났다. 운혜는 선생님이 나가는 것을 보고는 명설에게 넌지시 말했다.

"오늘 저녁에 생일 파티를 여는 친구가 있어. 재벌 2세인데 자기 별장에서 파티를 한대. 맛있는 것도 많고 사람들도 엄청나

게 올 거라서 새 친구도 사귈 수 있어. 나랑 같이 갈래?"

"아니, 난 내일 생물 시험이 있어. 준비물 다 챙기고 도서관에 가서 공부할 거야."

"쳇, 공붓벌레! 그럼 나만 가지, 뭐. 초대 안 했다고 뭐라 그러지 마. 아 참, 나 파티에 가는 거 엄마가 허락 안 할까 봐 너랑 학교에 남아서 실험해야 한다고 말해뒀거든. 혹시 엄마가 전화해서 물어보면 알아서 잘 둘러대!"

예전에 운혜가 어떤 시험에서 커닝을 하다가 선생님에게 들킨 뒤부터 그녀의 엄마는 딸의 행동이 영 마음에 놓이지 않는 모양이었다. 그래서 종종 명설에게 전화해서 운혜의 학교생활에 대해 시시콜콜 물어보곤 했다. 명설은 운혜 엄마의 휴대전화 번호를 주소록에 아예 저장해 놓았다.

명설이 다급하게 말했다.

"너 때문에 거짓말하는 거 싫어!"

그러자 운혜가 째려보며 말했다.

"거짓말은 무슨! 조금 전에 너랑 같이 실험했잖아. 아무튼 난 먼저 간다!"

운혜는 그렇게 말하고는 가방을 메고 나가려 했다. 명설은 그녀의 행동이 이해되지 않아서 따져 물었다.

"우리 아직 내일 실험에 쓸 도구도 안 챙겼어. 좀 도와주고 가야 하는 거 아냐?"

운혜는 손을 내저었다.

"안 돼. 파티가 곧 시작된단 말이야."

명설은 떠나려는 친구를 붙잡고 걱정스럽게 한마디 했다.

"파티에 가면 별 희한한 사람들도 다 오니까 조심해야 해."

운혜가 나간 뒤, 명설은 혼자서 내일 각 조에서 쓸 약품을 나누어 포장했다. 분주하게 준비를 끝마쳤을 때는 날이 이미 어두워져 있었다. 그녀는 실험실 문을 꼭 닫고 교문 밖 분식집에서 저녁을 먹었다. 학교 옆에 있는 동네 도서관에서 9시까지 공부하다가 집에 들어가기로 마음먹고 엄마에게도 미리 알렸다.

그런데 8시쯤에 갑자기 명설의 휴대전화가 울렸다. 화면에 '운혜 엄마'라는 표시가 떠 있었다. 명설은 속으로 몇 초간 고민하다가 결국 휴대전화를 집어 들고는 열람실 밖 복도로 나가 전화를 받았다. 명설은 괜히 마음이 조마조마했다.

"명설이니? 나 운혜 엄만데, 너희들 아직도 학교에서 실험하고 있니?"

명설은 도무지 마음이 내키지 않아서 거짓말을 하지 않기로 했다.

"아주머니, 실험은 이미 끝났어요. 운혜는 지금 저랑 같이 있지 않아요…."

"뭐? 그럼 걘 언제 집으로 갔니?"

"6시쯤에 실험실을 떠났어요."

운혜 엄마는 화를 냈다.

"벌써 8시인데 아직 집에 안 왔어. 대체 어딜 간 거야?"

"저도 잘 모르겠어요."

명설은 운혜가 나중에 직접 해명하도록 아무 말도 하지 않았다.

"운혜 이 녀석! 나중에 돌아오면 따져 물어야겠다."

전화를 끊고 30분이 지났을 때, 운혜의 엄마가 다시 전화를 걸어왔다. 명설은 얼른 복도로 나가 전화를 받았다.

"운혜가 방금 집으로 돌아왔어. 실험을 끝내고 친구가 여는 생일 파티에 갔었다고 솔직히 말하더구나."

명설은 안도의 한숨을 내쉬었다.

"무사히 집으로 들어갔다니 다행이네요. 너무 야단치지 마세요!"

"그래, 나도 몇 마디 하다 말았어."

그런데 수화기 너머로 들리는 운혜 엄마의 목소리에는 걱정이 한가득 들어 있었다.

"그런데 말이야, 운혜 말로는 파티에서 새로 알게 된 친구가 차가운 밀크티를 한 잔 건네더래. 근데 그걸 마시고 나서 뭔가 느낌이 이상해서 곧바로 집으로 왔다는 거야."

명설은 운혜가 말한 '이상하다'는 것이 무슨 의미인지 알 수 없었다. 운혜 엄마가 말을 이었다.

"운혜는 지금 몹시 흥분된 상태야. 내가 잠을 좀 자라고 했는데도 잠을 자기는커녕 자꾸만 목이 마르다고 소리치고 있어. 혹시 누가 개한테 약이라도 먹였을까 봐서 걱정이야. 텔레비전에서 그런 뉴스를 봤거든. 요즘은 음료수에 약을 타서 여자들에게 먹이는 못된 사람들이 있다고 말이야."

"저도 그런 사례를 들은 적이 있어요. 아주머니, 제가 지금 학교 옆 도서관에 있는데 운혜 집에서 그리 멀지 않아요. 제가 당장 그곳으로 가서 운혜 상태를 좀 살펴볼게요."

사태가 심각하다고 느낀 명설은 전화를 끊은 후 곧바로 도서관 컴퓨터로 인터넷에 접속해 파티에서 사용될 수 있는 불법 약물들을 검색해 보았다. 그리고 운혜의 증상과도 비교해 보았다. 그 결과 명설은 운혜가 아무래도 엑스터시를 먹었을 가능성이 있다는 판단을 일차적으로 내렸다.

명설이 찾아낸 자료에 따르면, 엑스터시의 가장 주요한 성분은 메틸렌디옥시메틸암페타민, 줄여서 MDMA라고 부르는 일종의 마약으로 술집과 클럽에서 유행한다고 했다. 복용할 경우 정신 착란, 수면 장애 및 탈수 증상을 보이며, 심하면 사망에도 이를 수 있는 약물이었다.

"마약? 경찰에 신고해야겠어!"

명설은 누군가 자신의 친구에게 그런 약을 먹였다는 사실에 이를 부득부득 갈았다.

"하지만 아직 증거가 없잖아? 혹시라도 내 판단이 틀렸다면 괜히 경찰력만 낭비하게 돼. 내가 먼저 확인해 볼 방법은 없을까?"

곰곰이 생각하던 명설은 그런 종류의 마약을 간단히 테스트해 볼 방법은 없는지 계속해서 인터넷을 뒤져보았다.

"오! 여러 가지 마약을 검사할 수 있는 마르퀴 시약이라는 게 있구나. 하지만 난 그런 시약은 없는데."

명설은 마르퀴 시약의 조제 방법을 자세히 읽어보았다. 그러더니 슬그머니 미소를 짓고는 얼른 가방을 챙겨 학교로 되돌아갔다. 3학년 학생들이 여전히 학교에서 자습하고 있어서 명설은 별다른 제지를 받지 않고 실험실로 들어갈 수 있었다. 명설은 쓸 수 있을지는 확실하지 않지만 일단 필요한 실험 장비를 나무 상자에 챙겨 넣은 뒤 급히 운혜 집으로 갔다.

운혜의 엄마는 거의 울상이 되어 문을 열어주었다.

"누군가 약을 먹인 게 틀림없어. 집에 막 돌아왔을 때는 아직 약효가 나타나지 않았는지 파티 상황을 말할 수 있는 정도였어. 운혜 말로는 집으로 가려는데 밀크티를 준 남학생이 자신을 붙잡고 못 가게 했대. 정말이지 의도가 너무 불순하잖아. 아무튼 지금 운혜는 계속 노래하고 춤만 추고 있어. 도무지 대화가 안 되는 상태야.”

과연 응접실에서는 음악 소리가 크게 들렸고 운혜는 그 음악에 맞춰 미친 듯이 춤을 추고 있었다. 명설은 운혜를 붙잡고 큰 소리로 그녀의 이름을 불렀다. 하지만 운혜는 명설의 저지에도 아랑곳하지 않고 여전히 머리를 흔들면서 춤을 췄다.

명설은 운혜의 가슴 쪽 옷 위에 이상한 가루가 묻어 있는 것을 발견했다.

‘이거 혹시 그 남자와 실랑이할 때 묻은 약 가루가 아닐까?’

명설은 급히 운혜 엄마에게 하얀 도자기 접시를 가져다 달라고 한 다음, 잠깐 운혜를 붙잡고 있어 달라고 부탁했다. 명설은 가지고 간 나무 상자에서 유리 막대기를 꺼내어 그 가루를 접시에 주워 담았다. 그리고 진한 황산과 포름알데히드 수용액이 담긴 병을 꺼낸 뒤, 진한 황산 20밀리리터와 포름알데히드 수용액 1밀리리터를 섞어 그녀가 알아낸 ‘마르퀴 시약’을 조제했다.

명설은 스포이트로 마르퀴 시약을 빨아들인 뒤 조금 떨어진 곳에서 접시에 시약을 한 방울 떨어뜨렸다. 그러자 시약이 곧바로 어두운 보라색으로 변했다. 명설은 단호하게 말했다.

“마약이 맞네요. 엑스터시인 것 같아요.”

운혜 엄마는 너무 놀라 얼굴이 새하얘졌다.

"엑스터시? 며칠 전 텔레비전에서 봤어. 한 여자 대학생이 선배가 준 엑스터시를 먹고 쇼크로 사망해서 생일날이 제삿날이 되었다고 말이야. 정말 무섭구나. 이제 어떻게 해야 하니?"

명설이 다급하게 말했다.

"경찰에 알려야죠."

그녀는 즉시 휴대전화로 감식 전문가인 지안에게 전화를 걸어서 사건 경위를 알려 주었다. 지안은 깜짝 놀랐다.

"와, 네가 마약 진단 시약까지 만들 줄은 몰랐다. 그래, 네 검사 결과대로라면 그 친구는 마약을 복용한 게 틀림없어. 구급차를 부를게. 나도 곧바로 병원으로 가서 증거를 수집할 거야. 최소한 소변 검사와 피 검사는 해야 해. 그리고 이웅 반장은 네가 알려준 파티 장소로 가서 현장 조사를 진행할 거야. 그 마약을 복용한 사람을 모두 다 체포해야 해."

구급차가 도착하자 운혜 엄마는 딸과 함께 구급차를 타고 병원으로 갔다. 명설은 원래는 그들을 따라갈 생각이었다. 하지만 도서관 문 닫는 시간이 이미 지났기에 엄마가 걱정할까 봐 일단 집으로 들어갔다. 명설은 친구 걱정에 밤새 잠을 이루지 못했다.

다음 날 아침, 학교에 도착한 명설은 운혜가 등교하지 않은 것을 보고는 곧바로 운혜 엄마에게 전화를 걸어 그녀가 퇴원했는지 물었다.

"새벽에 퇴원했는데 너무 피곤하다고 해서 집에서 재우기로 했어. 그리고 마약을 한 일당들은 어제 모두 체포됐어. 경찰이 운혜에게 오늘 오후에 경찰서로 와서 진술서를 쓰라고 하더구나. 명설아, 네가 선생님에게 운혜 하루만 결석하겠다고 말해주겠니?"

"알겠어요."

운혜가 이미 퇴원했다는 말을 듣고 명설은 마음의 큰 짐을 내려놓았다.

"명설아, 고맙다."

운혜 엄마는 어젯밤 다급한 상황에서도 침착하게 문제를 해결한 명설에게 진심으로 감사인사를 전했다.

수업이 끝나고 명설은 역시나 감식과 실험실로 달려갔다. 검사 결과가 어떤지 궁금해서였다. 지안은 음료수를 명설에게 건네고는 천천히 설명을 시작했다.

"운혜의 소변과 혈액에서 모두 MDMA가 검출되었어. 그리고 이웅은 파티 현장에서 엑스터시를 찾아냈지. 한 남학생이 그 알약을 가루로 만들어 차가운 밀크티에 탄 뒤 운혜에게 먹인 사실을 인정했어. 그는 운혜가 달아나려고 하자 또 다른 여학생을 투약 대상으로 물색하다가 이웅 반장에게 붙잡혔어. 운혜도 오후에 경찰서로 와서 범인을 지목했는데, 바로 그 남학생이 음료수를 가져다준 거였어. 그러니까 명설이 네가 현장에 있던 다른 여학생들까지 구한 셈이야."

지안은 커피를 홀짝거리며 계속 말했다.

"운혜에게는 두 달 후에 경찰서로 다시 방문해달라고 말해두었어. 머리카락을 한 움큼 잘라서 검사해야 하거든."

"그건 왜요?"

"머리카락 어느 부분에 마약 성분이 들어 있는지 보면 그 사람이 언제 마약을 했는지 알아낼 수 있단다. 두 달 뒤 검사에서 만약 지금 이 기간에만 마약을 복용한 것으로 판명되면, 운혜는 억울하게 마약을 복용했다는 사실을 증명할 수 있어. 하지만 검사 결과, 머리카락 전체에서 마약 성분이 검출되면 그건 운혜가 우연히 마약을 복용한 게 아니라 장기간 복용했다는 증거가 돼."

명설이 말했다.

"내 친구가 고의로 마약을 하지는 않았을 거라고 확신해요."

"그래, 나도 그렇게 생각해. 하지만 그런 마약은 중독되기 쉬우니까 한동안은 추적해야 안심이 되지."

지안은 화제를 돌려서 이번에 명설 혼자 마르퀴 시약을 만든 것은 정말 대단한 일이라고 칭찬해 주었다.

"그런 종류의 시약은 용도가 매우 많아. 식물성 알칼로이드와 관련된 수많은 마약, 예를 들면 모르핀, 헤로인, 암페타민, 메틸 암페타민, 그리고 MDMA 등은 모두 그 시약으로 진단을 내릴 수 있지. 고등학교 실험실에 있는 약품들로 그걸 재빨리 만들어 내다니, 너 갈수록 감식과다운 폼이 나오는구나!"

엑스터시의 주요 성분은 3,4−메틸렌다이옥시메틸렌 암페타민(MDMA)이다. 그 자체는 물에 잘 녹지 않는 유성 액체지만, 보통 염산염을 만들어 물에 녹는 무색의 분말이나 결정체가 된다. MDMA는 독일의 머크 제약 공장에서 제조하여 1914년에 특허를 취득했다. 이 약물은 사람을 흥분시키는 효과가 있는 향정신성 약물로, 1970년대에 심리 치료에 사용되었다. 80년대 초반에는 여피(도시나 도시 주변에 살며 고수입 전문직에 종사하는 젊은이들─옮긴이)들도 이 약물을 많이 사용하기 시작했다. 하지만 탈수, 식욕 상실, 멈추지 않는 출혈, 불면증 등의 부작용이 있으며, 알코올과 함께 복용하면 사망에 이를 수도 있다.

1985년에 이르러 결국 이 약물은 불법으로 선포되었다. 그러나 이미 청소년과 각종 콘서트, 클럽 등 유흥장소에까지 퍼지고 말았다. 현재 대부분의 국가에서는 MDMA를 불법 약물로 분류하고 있으며 코카인, 헤로인, 대마초와 더불어 성행하는 마약 중 하나다.

당뇨병 환자와
아세톤

오늘은 토요일.

명설은 가족과 함께 느긋하게 아침을 먹었다. 명설이 토스트를 씹으며 아침 신문을 펼치자, 의학 기사 하나가 눈에 띄었다. '입김을 부는 즉시 혈당을 측정한다'라는 제목의 기사였다. 명설은 몹시 흥미로웠다. 왜냐하면 명설의 할아버지도 당뇨를 앓고 있기 때문이다. 할아버지는 아침마다 바늘로 손가락을 찔러 피를 짜낸 후, 혈당측정기를 이용해 혈당 농도를 쟀다. 매번 할아버지가 바늘로 손가락을 찌를 때마다 명설은 그 모습을 차마 지켜볼 수 없었다. 그런데 입김만 불어도 혈당을 측정할 수 있다니, 정말 좋을 것 같았다. 명설은 궁금한 마음에 신문 기사를 자세히 읽어보았다.

기사에 따르면 국립대만 사범대학의 한 화학과 교수가 일종의 호루라기 같은 장치를 발명했는데, 환자가 그곳에 대고 입김을 불기만 하면 가스 크로마토그래프(기체 안에 포함되어 있는 특정 가스의 농도를 측정하는 기기—옮긴이)를 통해서 아세톤 성분을 분리해 낸다는 것이었다. 크로마토그래프에서 배출되는 기체는 미니 호루라기를 거쳐 소리를 내는데, 마이크가 음파를 포착한 후 컴퓨터 프로그램을 이용해 음파 스펙트럼으로 변환하면 단일 스펙트럼 피크를 관측할 수 있다고 했다. 더 나아가 아세톤의 농도를 측정하고 그것을 환산해 혈당 상태를 알 수 있다는 것이다.

명설은 흥분해서 아빠에게 신문을 내밀었다.

"아빠, 아빠 모교의 같은 과 교수님이 이걸 발명하셨대요. 이분이 누군지 아세요?"

아빠는 웃으며 대답했다.

"졸업한 지 10년이 넘어서 그렇게 젊은 교수들은 잘 모른단다. 아무튼 그런 대단한 연구 성과를 이루어냈다니 정말 뿌듯하구나."

"아빠, 또 궁금한 게 있어요. 당뇨병 환자는 혈당이 엄청 높은 거 아니에요? 그런데 그들이 내쉬는 숨에 왜 아세톤이 들어 있을까요?"

아빠는 멋쩍어하며 말했다.

"아세톤이 뭐냐고 묻는다면 침까지 튀겨가며 대답해 줄 수 있어. 근데 아세톤과 당뇨병이 어떤 연관이 있는지 묻는다면, 솔직히 잘 모르겠구나. 그런 건 의사한테 물어봐야 할 것 같은데."

호기심이 발동한 명설은 궁금증을 풀지 못해 안절부절못했다. 결국 명설은 해답을 알려줄 수 있는 사람을 찾아가 물어보기로 했다.

"아빠, 마침 오늘은 수업이 없으니까 경찰서 감식과에 있는 지안 감식관님에게 가볼래요. 그곳엔 제 질문에 답해줄 법의학자가 있을 거예요."

아빠는 잠시 생각하더니 말했다.

"경찰서에 간다고? 그거 잘됐구나. 간 김에 이웅 아저씨에게 들리렴. 알다시피 요즘 같은 10월은 날씨가 너무 덥지는 않아서 그걸 마시기에 딱 좋거든!"

명설은 곧바로 덧붙였다.

"… 맥주 말이죠?"

아빠는 생글생글 웃으면서 말했다.

"맞아, 맞아. 이웅 아저씨에게 퇴근하고 우리가 매년 가는 독일 음식을 파는 식당에서 한잔하자고 전해주렴."

그 말을 옆에서 듣고 있던 명안이 흥분해서 말했다.

"맥주 못 마시는 우리 같은 애들이 가도 돼요?"

"당연히 되지. 거기 가면 맛있는 독일식 족발도 있고, 양파 튀김 같은 간식거리도 있어. 너희가 마시는 콜라도 팔아. 기억 안 나?"

물론 명안이 기억 못할 리 없었다. 그렇게 맛있는 음식을 어떻게 잊겠는가.

엄마는 정색하며 명설에게 말했다.

"일단 아침엔 집에서 공부해. 공부 끝내면 오후에는 외출해도 좋아. 그리고 나중에 식당에서 만나면 되겠다."

"네, 그럴게요!"

그날 오후, 경찰서에 도착한 명설은 곧바로 형사반장인 이웅을 찾았다. 때마침 이웅은 누군가의 신고 접수를 받고 있어서 명설은 옆에서 조용히 기다릴 수밖에 없었다.

신고자는 전문대에 다닌다는 임용이의 아버지였다. 그는 딸이 이틀 전에 인터넷으로 알게 된 남자 친구를 만난다고 외출한 뒤로 귀가도 하지 않고 연락도 없어서 경찰에 도움을 요청하러 왔다고 말했다.

이웅은 자세한 사건 경위를 진지하게 기록한 후, 임 씨 아버지에게 말했다.

"잠시 뒤에 댁으로 가서 따님의 방을 수색하겠습니다. 그 남자와 관련된 단서를 찾을 수 있으면 좋겠군요. 그리고 따님의 컴퓨터도 가져와야 합니다. 경찰 정보팀에 넘겨서 컴퓨터 속 자료를 검사해야 하니까요. 두 사람의 인터넷 대화 기록에서 상대방의 신원을 캐낼 수 있길 바랍니다."

임 씨 아버지는 연신 고개를 끄덕였다.

"문제없습니다. 딸을 찾을 수만 있다면 뭐든 최선을 다해서 협조하겠습니다."

임 씨 아버지는 경찰서를 떠나기 전 이웅의 손을 잡고 간곡히 말했다.

"경관님, 제가 중요한 사실을 깜박했네요. 제 딸은 당뇨병을 앓고 있습니다…."

이웅은 조금 놀라워하며 물었다.

"아직 젊은데 당뇨병이 있다고요?"

임 씨 아버지는 괴로워하며 말했다.

"제1형 당뇨병입니다. 인슐린을 맞아야 하는데 서둘러 나가느라 주사제를 가져가지 않았어요. 집을 나간 지 벌써 이틀이나 지났어요. 서둘러 찾지 못하면 혈당 조절이 제대로 안 될 텐데 걱정입니다. 무슨 일이 벌어질지 상상하는 것조차 두려워요."

이웅은 고개를 끄덕였다.

"알겠습니다. 이 사건을 최우선으로 수사하겠습니다."

임 씨 아버지가 떠난 뒤, 이웅이 명설에게 다가가 말했다.

"아까부터 한참 동안 서서 기다리던데 무슨 일 있니?"

명설은 이웅에게 저녁에 함께 맥주 마시러 가자고 한 아빠의 말을 전했다. 이웅은 얼굴을 찡그리며 말했다.

"아무래도 그건 안 되겠구나. 너도 방금 이야기하는 거 들었지? 실종된 임 씨에게는 병이 있어. 빨리 찾지 않으면 위험할 것 같아. 아빠께는 죄송하다고 말씀드리렴. 다음에 시간 나면 내가 맥주 한잔 산다고 말이야."

이렇게 말한 뒤 이웅은 부하들을 이끌고 임용이의 자택으로 증거를 찾으러 갔다. 명설은 어쩔 수 없이 휴대전화로 아빠에게 전화를 걸어 이웅 아저씨가 바빠서 못 갈 것 같다고 말했다. 그러자 아빠가 말했다.

"할 수 없지, 뭐. 어쨌든 이미 자리를 예약했으니 우리 가족은 예정대로 그곳에서 저녁을 먹자."

통화를 끝낸 명설은 곧바로 감식과의 지안 감식관님을 찾아갔다. 그리고 당뇨병 환자가 왜 아세톤을 내뿜는지 알고 싶다고 말했다. 지안은 명설의 질문을 듣고 이렇게 대답했다.

"그 질문엔 내가 답해 줄 수 있으니까 따로 법의학자를 찾을 필요 없어. 당뇨병성 케톤산증은 주로 제1형 당뇨병을 앓는 환자들에게서 나타나. 제2형 당뇨병 환자는 특별한 경우에만 그런 증상이 나타나지."

그 말을 듣고 명설은 다짜고짜 지안의 말을 끊었다.

"아! 조금 전에 실종 신고를 하러 온 임 씨 아버지도 제1형 당뇨병이라는 말을 했었어요. 그런데 제2형 당뇨병도 있다고요? 무슨 차이가 있나요?"

지안은 차근차근 설명해 주었다.

"우리가 먹는 주식에는 전분이 함유되어 있는데, 그게 체내에서 포도당으로 분해돼."

"그건 저도 알아요."

"그런데 혈액 속 포도당의 농도가 너무 높으면 여러 장기를 손상시킬 수 있어. 따로 조처하지 않으면 심혈관 질환이나 뇌졸중, 그리고 만성신부전 등 각종 합병증을 초래하지. 그래서 건강한 사람은 포도당의 농도가 너무 높을 때 인슐린이라는 게 분비돼. 인슐린은 일종의 호르몬인데, 포도당을 만들지 말라고 간에 통보하는 한편, 혈액 속 포도당을 흡수해서 근육으로 보내 에너지원으로 쓰도록 명령을 내린단다. 지방을 에너지원으로 쓰지 말고 저장하라는 명령도 내리지. 그렇게 하면 혈당 수치가 정상으로 되돌아가. 그런데 제1형 당뇨병 환자는 췌장에서 인슐린이 충분히 생성되지 않아서 혈당 조절이 잘 되지 않아. 그래서 반드시 인슐린 주사를 맞아야 증세를 안정시킬 수 있어. 이런 유형의 당뇨병은 대개 청소년들에게 생겨."

명설이 고개를 끄덕이며 말했다.

"아, 그렇구나. 그럼 70대인 저희 할아버지는 제2형 당뇨병을 앓고 계신 건가요?"

지안은 고개를 끄덕였다.

"아마 그럴 거야. 제2형 당뇨병 환자는 세포가 인슐린에 반응하지 않는 인슐린 저항성을 가지고 있어서 병이 생긴단다. 간단히 말하면 몸에서 인슐린이 만들어지기는 하지만 몸이 인슐린의 말을 잘 안 듣는 거지. 사실 다른 종류의 당뇨병도 있긴 하지만 이 두 가지 유형이 제일 흔하단다. 그럼 이제 일투 당뇨병 환자가 내뿜는 입김에 왜 아세톤이 포함되어 있는지 설명해 줄게."

명설은 더 집중해서 귀를 기울였다. 여기 찾아온 이유가 바로 그것이었으니 말이다.

"방금 말한 인슐린의 기능 중 하나는 지방을 에너지원으로 쓰지 말고 저장하라고 명령하는 거야. 그런데 인슐린이 부족한 환자는 신체 패턴이 바뀌면서 지방을 분해해 에너지원으로 쓰지. 그러면 지방을 쓰고 난 후 생성된 케톤체가 혈액으로 들어가게 돼."

"케 뭐라고요?"

명설은 어리둥절해 하며 되물었다. 지안이 피식 웃으며 말을 이었다.

"케톤체! 케톤체는 세 가지 분자를 합쳐서 부르는 말인데, 그 중 두 가지는 혈액 속에서 산성을 일으키는 분자고, 나머지 하나가 바로 아세톤이야. 당뇨병 케토산증 환자의 혈액과 소변에는 꽤 많은 양의 아세톤이 들어 있어. 그리고 일부 아세톤은 호흡을 통해서 몸 밖으로 빠져나가기도 하지. 그래서 당뇨병이 심한 환자에게서 아세톤 냄새를 맡을 수 있는 거야."

명설은 마침내 입김을 불어 혈당을 측정한다는 원리를 깨달았다. 명설은 벽에 걸린 시계를 보았다. 어느새 부모님과 약속한 저녁 시간이 다 되어가고 있었다. 명설은 급히 지안에게 작별을 고했다.

명설이 식당에 도착했을 때 가족들은 이미 그곳에 와 있었다. 아빠는 벌써 맥주를 마시고 있었다. 음식이 나오기를 기다리는 동안 명설은 식당을 둘러보았다. 한쪽 테이블에는 젊은 사람 셋이 앉아 있었다. 그들은 독한 잉글랜드 맥주 발리 와인을 2,500밀리리터나 주문하고는 그걸 남김없이 다 마셔버리겠다고 큰 소리로 떠들썩하게 말했다. 식당 한쪽 구석에는 한 쌍의 연인이 앉아 있었다. 두 사람은 테이블에 맥주 한 잔씩을 놓고 나지막하게 대화를 나누고 있었다. 남자는 피부가 까무잡잡하고 눈썹이 짙으며 삼십 대 중반쯤으로 보였고, 여자는 화장을 짙게 했지만 얼굴이 앳되어 아직 스무 살도 안 되어 보였다. 명설은 술에 꽤 취한 듯 보이는 그 여자를 눈여겨보며 명안을 툭 치며 말했다.

"저기 저 구석 테이블 좀 봐. 저 여자 술 마셔도 되는 나이로 보여?"

명안은 뒤를 돌아보더니 어깨를 으쓱하며 대답했다.

"난 여자 나이는 잘 볼 줄 몰라. 근데 한 가지 이상한 점이 있어."

"뭐가 이상한데?"

명설은 그 여자가 나이가 어린데도 일부러 어른인 척하는 것 말고는 특별히 이상한 점이 없다고 생각했다. 하지만 명안의 생각은 달랐다.

"자세히 봐봐. 다른 사람들 맥주에는 거품이 떠 있는데 이상하게 저 여자 맥주에만 거품이 없어."

명설은 고개를 돌려 쳐다보았다. 과연 그녀의 맥주에만 거품이 하나도 없었다. 명설은 사람을 계속 빤히 쳐다보면 실례가 될까 봐 재빨리 고개를 돌렸다. 그러고는 대체 그 이유가 뭔지 곰곰이 생각해 보았다. 여자가 거품만 먼저 마셔버린 걸까? 아니면 다른 이유가 있는 걸까? 한참을 고민하던 명설은 실험을 해보기로 결심했다. 명설은 곧바로 자신의 유리잔에 담긴 콜라를 비우고 아빠에게 말했다.

"아빠, 아빠 컵에 있는 맥주를 저한테 조금만 주세요."

그 말에 엄마가 깜짝 놀라며 말했다.

"명설아, 너 아직 열여덟 살 생일 안 지났어."

"부탁이에요! 맥주를 마시고 싶어서 그런 게 아니에요. 실험할 게 있다고요."

그러자 아빠는 100밀리리터 정도의 맥주를 명설의 빈 잔에 따라주었다. 명설은 거품이 모자라자 일부러 빨대로 거품을 더 만들었다. 그런 뒤에 엄마에게 네일 리무버(손톱에 바른 매니큐어의 에나멜을 지우는 용액—옮긴이)를 빌렸다. 명설은 아무런 설명도 하지 않고 마개를 열더니 자신의 컵에 네일 리무버를 몇 방울 떨어뜨렸다. 그러자 거품이 즉시 가라앉는 것이 보였다. 명설은 흥분해서 손뼉을 치고는 고개를 들었다. 엄마와 동생이 곤혹스러운 눈빛으로 바라보고 있었다. 명설은 할 수 없이 이렇게 말했다.

"이따가 설명해 줄게요."

명설은 곧바로 휴대전화를 꺼내어 이웅에게 전화를 건 다음 목소리를 낮춰 말했다.

"이웅 아저씨, 아까 실종 신고된 임용이, 혹시 찾았나요?"

이웅은 한숨을 쉬며 대답했다.

"아직이야. 그 남자가 본명이 아니라 닉네임을 사용했거든.

게다가 매번 다른 인터넷 카페에서 인터넷에 접속했기 때문에 추적하는 데 시간이 오래 걸리겠어. 지금까지 별다른 진전이 없단다."

"혹시 임용이 사진을 하나 보내주실 수 있어요?"

"왜?"

"아무래도 지금 이 식당에 와 있는 것 같아서요. 사진 보내주시면 확인해 볼게요."

"메신저로 바로 보내줄게."

명설이 메시지를 받고 열어 보니 과연 구석에 앉아 있는 여자는 임용이가 맞았다. 명설은 즉시 이웅에게 답장을 보내 가능한 한 빨리 범인을 체포하러 오라고 했다. 그 뒤 명설은 목소리를 낮추어 가족에게 자초지종을 설명했다. 그러면서 동생도 칭찬해 주었다.

"이게 다 명안이 세심하게 관찰한 덕분이에요. 임용이의 맥주에 거품이 없다는 걸 발견했거든요. 이제 경찰들이 도착할 때까지 아무 일도 없는 듯 자연스럽게 이야기를 나누고 있는 게 좋겠어요. 경솔하게 행동해서 저들이 눈치 채면 안 되니까요."

하지만 명안은 아직도 이해 안 되는 점이 있었다.

"그런데 왜 맥주에 거품이 없다는 이유로 저 여자를 가출 소녀라고 의심했던 거야?"

"왜냐하면 임용이는 당뇨병을 앓고 있거든. 그래서 그녀가 내쉬는 숨에는 아세톤이 비교적 많이 들어 있어. 난 아세톤 때문에 맥주 거품이 가라앉은 거라고 추정했지만 확실하지 않았어. 그래서 네일 리무버로 실험해 본 거야. 네일 리무버의 주요 성분이 아세톤이거든. 그랬더니 예상대로 거품이 가라앉더라고. 아무튼 저렇게 젊은 나이에 심각한 당뇨병을 앓는 사람은 별로 없으니까, 그녀가 임용이인지 한번 확인해 볼 만하잖아. 그래서 이웅 아저씨에게 사진을 보내 달라고 했지."

명안이 또 물었다.

"아세톤은 왜 맥주 거품을 가라앉히는 거야?"

그 물음에는 아빠가 곧바로 남매에게 설명해 주었다.

"아마도 아세톤이 맥주 속의 단백질을 침전시키는 것 같아!"

그때 이웅이 지안과 두 명의 경관을 거느리고 식당 안으로 들어섰다. 명설은 벌떡 일어나 손가락으로 구석 테이블을 가리키며 소리쳤다.

"저기 있어요."

그러자 테이블에 앉아 있던 남자가 이상한 낌새를 눈치 채고는 자리에서 벌떡 일어나 달아나려고 했다. 하지만 이웅이 그를 붙잡아 바닥으로 쓰러뜨리고 수갑을 채웠다. 임용이도 뒤따라 자리에서 일어나 그곳을 떠나려고 했지만 그녀는 몇 걸음 가지도 못하고 갑자기 토하기 시작했다. 지안은 얼른 임용이에게 다가가 인슐린을 주사하면서 그녀를 나무랐다.

"어리석은 아가씨, 지금 이렇게 구토를 하는 건 당뇨병 케톤증이 이미 심각하다는 뜻입니다. 우리가 빨리 찾지 못했다면 당신은 엄청 위험할 수도 있었어요. 저 사람이 진심으로 당신을 사랑했다면 아가씨에게 이런 고통을 줬겠어요?"

이웅은 같이 온 경찰들에게 사건에 연루된 남자를 경찰서로 데려가 진술을 받으라 지시했고, 임 씨 아버지에게는 딸을 데리러 오라고 연락했다.

"어린 두 탐정이 또 우리를 도와 사건 하나를 해결했구나. 한 생명을 구해줘서 정말 고마워!"

사건 너머의 과학

케톤체는 세 가지 수용성 분자의 총칭이다. 그 세 가지 분자는 각각 아세토아세트산, β−히드록시부티르산, 아세톤(아래 그림 참고)이며 간에서 지방산을 분해하는 과정에서 생성된다. 앞의 두 가지 분자는 심장과 대뇌의 에너지원이고, 아세톤은 아세트산이 분해되어 만들어진 산물이다.

아세토아세트산   β−히드록시부티르산   아세톤

건강한 사람은 다이어트를 하는 동안 체내에 탄수화물이 부족하기 때문에 지방산을 에너지원으로 사용하고 케톤체도 생성한다. 측정 결과, 건강한 사람이 내뿜는 호흡 속 아세톤의 농도는 약 0.1~0.7ppmv(부피 백만분율, 부피를 통해서 본 기준물질에 대한 해당 물질의 백만분율—옮긴이)인 것으로 나타났다. 그러나 제1형 당뇨병 환자는 인슐린이 부족하여 포도당을 주변 세포로 운반하지 못한다. 그래서 간세포는 하는 수 없이 지방산 대사를 활성화하여 에너지를 얻는다. 그로 인해 대량의 케톤체가 생성된다.

세 가지 케톤체 분자 중에서 두 가지는 산이기 때문에 혈액의 pH를 떨어뜨리는데, 이를 당뇨병 케톤산증이라고 한다. 제2형 당뇨병 환자도 인슐린 저항성으로 유사한 증상을 보이는 경우가 있다. 당뇨병 케톤산증 환자는 혈액과 소변의 케톤체 농도가 높을 뿐만 아니라 내쉬는 숨에도 비교적 많은 아세톤이 함유되어 있다. 측정을 해보면 2.2ppmv까지 다다르기도 한다. 그래서 내쉬는 호흡에 다량의 아세톤이 포함되어 있는지 여부를 당뇨병 환자를 식별하는 간단한 방법으로 사용할 수 있다.

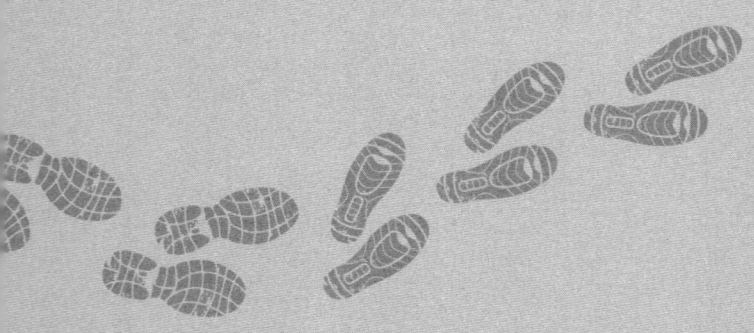

달콤한 꿀의
위험한 경고

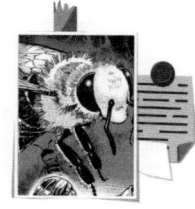

토요일에 명설은 엄마와 함께 엄마의 고등학교 동창회에 갔다. 아빠는 주말에 과학전람회 연구를 위해 학생들을 지도해야 하므로 엄마와 동행할 수 없었다. 그래서 엄마는 명설에게 함께 가자고 말했다.

"넌 고등학교 시절의 나와 판박이야. 널 데려가서 동창들에게 그때의 나를 보여줘야겠다."

엄마와 명설이 동창회장 안으로 들어서자 과연 사람들이 탄성을 질렀다.

"우와! 네 딸이랑 너 정말 많이 닮았어."

"그야말로 한 쌍의 미녀 자매네."

엄마는 줄곧 "그렇게 닮았어? 내가 훨씬 늙었는걸!"이라고 대답하면서도 웃느라 입이 다물어지지 않았다.

30년 동안 만나지 못한 동창들 중에는 전혀 알아볼 수 없을 정도로 변해버린 사람들도 있었다. 반면에 비록 조금 늙긴 했어도 크게 달라지지 않은 사람들도 있었다. 그중 황욱방이라는 한 동창은 주름살이 거의 없어 동창들 사이에서 유난히 젊어 보였다. 다만 명설은 그녀의 미소가 조금은 딱딱하고 어색하게 느껴졌다. 많은 동창이 황욱방을 빙 둘러싸고 물었다.

"와! 넌 대체 어떻게 관리를 한 거야? 주름이 하나도 없네. 게다가 얼굴도 조그맣고 20대 아가씨처럼 V라인이야."

황욱방은 부자연스럽게 웃으며 말했다.

"별거 없어! 그냥 일찍 자고 일찍 일어나고, 싱겁게 먹고, 즐겁게 사는 거지!"

그러자 한 동창이 체면을 차리지 않고 말했다.

"거짓말! 너도 참 여전하구나. 좋은 게 있으면 혼자만 몰래 즐기고 남들과는 나누려고 하지 않았잖아, 예전에도…."

서로 흉을 보는 분위기가 시작되려고 하자, 황욱방은 하는 수 없이 진실을 털어놓았다.

"아유, 알았어. 케케묵은 옛날 일은 들춰서 뭐 하려고 그래! 그냥 내가 솔직히 말할게…. 사실… 나 그 독소 주사 맞았어…."

명설은 이해가 되지 않아서 엄마에게 넌지시 물었다.

"독소 주사가 뭐예요? 왜 독소를 맞는 거죠?"

엄마가 대답했다.

"저 친구가 말하는 독소 주사란 보톡스를 말하는 거야. 그게 요즘 미용에 사용된다는데 난 관심이 별로 없어서 잘 모르니까 나중에 아빠에게 물어보렴."

모임이 끝나고 명설은 엄마와 함께 부근에 있는 가구 매장을 구경했다. 엄마가 청소용 매트를 느긋하게 고르고 있는 동안, 명설은 심심해서 집으로 전화를 걸었다. 아빠는 아직 집에 들어오지 않은 모양이었다. 하지만 명설은 보톡스가 궁금해서 참을 수가 없었다. 그때 문득 아빠의 동료인 진 선생님이 떠올랐다. 진 선생님은 은퇴한 생물과 선생님으로, 예전에 명설이 과외를 받은 적이 있었다. 명설은 서둘러 진 선생님의 휴대전화 번호를 찾아냈고 조금의 망설임도 없이 그에게 전화를 걸어 보톡스에 관해 물었다. 선생님은 무척이나 반가워하며 친절하게 말했다.

"네 메신저 아이디를 알려주렴. 그럼 현미경을 통해 본 보툴리누스균의 모습을 보내줄게."

두 사람이 메신저로 친구를 맺자마자 진 선생님이 곧바로 사진 한 장을 보내왔다. 동그란 흰색 원 안에 자주색 막대 모양의 작은 무언가가 잔뜩 있는 게 보였다. 명설이 답장을 보냈다.

"그 세균들, 이제 보니 보라색이네요!"

진 선생님은 명설에게 자세히 설명해 주었다.

"그건 겐티안 바이올렛(주로 세균 염색에 사용되는 색소액─옮긴이)으로 염색한 거라서 색깔은 무의미해. 다만 그걸 보면 보툴리누스균이 왜 막대 세균이란 뜻의 간균桿菌이라 불리는지 알 수 있어. 보다시피 세균 모양이 가늘고 긴 막대 모양이라서 그래. 보툴리누스균은 일종의 신경 독소를 만들어내는데, 미용 시술에 쓰이는 건 사실 보툴리누스균이 아니라 바로 그 신경 독소란다."

"독소는 모두 인체에 해롭지 않나요? 어떻게 미용 효과가 있을 수 있죠?"

"보툴리누스 독소는 가장 치명적으로 위험한 바이러스 중 하나로 알려져 있어. 만약 정맥 내의 농도가 킬로그램당 1.3~2.1나노그램(Ng)이라면 준치사량에 이르지. 보툴리누스균에 감염되면 보툴리누스중독증이라는 치명적인 질병이 발생할 수 있어. 보툴리누스 독소는 신경 말단에서 분비되는 아세틸콜린이라는 일종의 신경전달물질을 억제하는데, 이 물질이 결핍된 결과가 바로 근육 마비야. 손발 근육이 마비되면 사람은 무력해지고, 눈꺼풀 근육이 마비되면 눈을 뜰 수가 없으며, 입과 혀 근육이 마비되면 발음이 어눌해진단다."

"정말 무섭네요. 이렇게 무서운 독소를 어떻게 자기 몸에 넣을 수가 있죠?"

진 선생님이 대답했다.

"독소와 약물은 원래 양면적 성격을 가지고 있어. 적절히 조절하기만 하면 이런 독소를 의료나 미용에서 유용하게 쓸 수 있지. 예를 들어 소량의 보툴리누스 독소를 일부 근육에 주사하면 2, 3개월 동안 근육이 비교적 약한 상태가 돼. 그게 때에 따라서 질병을 치료하는 데 도움을 주는 거야. 가령 경부근긴장이상(목 근육의 무의식적 수축으로 목이나 머리에 비정상적인 움직임이나 통증을 유발하고 부자연스러운 자세를 취하게 만드는 만성 쇠약 질환─옮긴이) 때문에 환자 머리가 한쪽으로 기울어지는 경우에 그 독소를 이용해 치료할 수 있지."

명설은 의료인의 기발한 생각에 감탄을 금치 못했다.

"와! 정말 독소가 좋은 약이 될 수도 있군요. 그렇다면 미용에는 어떤 식으로 쓰이는 거죠?"

"그 독소로 얼굴 근육을 마비시켜 주름을 사라지게 만들지. 일반적으로는 주사를 맞고 난 후 3일에서 5일 정도면 효과를 볼 수 있어. 하지만 2주 정도 지났을 때 가장 효과가 좋지."

알고 보니 보톡스는 근육을 마비시켜 주름 제거 효과를 얻는 것이었다. 어쩐지 황욱방 아주머니의 웃음이 그렇게 어색하더라니! 동창회가 있기 2주 전에 맞았다면 훨씬 좋은 효과를 봤을 것이다.

진 선생님은 대화 끝에 마음이 놓이지 않는 듯 신신당부했다.

"명설아! 미용을 위해 맞는 보톡스 주사는 종종 부작용이 생기기도 해. 근육 마비 효과를 이용한 거라서 표정이 이상해진다거나 눈꺼풀이 처진다거나 하나의 사물이 두 개로 보이는 복시 등의 부작용이 있으니 함부로 맞아선 안 돼!"

명설은 웃음을 참을 수 없었다.

"선생님은 걱정이 너무 많으세요. 전 그냥 호기심에 물어본 것뿐이지 그런 주사는 맞지 않을 거예요. 게다가 전 아직 젊어서 주름도 없다고요."

다음 날, 외삼촌 가족이 명설 집에 놀러 왔다. 명설과 명안은 사촌 동생인 지개와 놀아주었는데, 그날따라 지개가 왠지 멍하고 정신이 없어 보였다. 엄마도 지개를 안고 얼마간 놀아주다가 아기가 너무 반응이 없자 외숙모에게 물었다.

"얘가 왜 이러지? 평소랑 좀 다른데?"

그러자 외숙모가 말했다.

"저도 잘 모르겠어요. 처음엔 감기 때문인 줄 알았는데 열도 없고 기침도 안 하더라고요. 그러면서 변도 잘 못 보고 계속 졸려하는 데다가 먹는 것도 영 시원찮아요. 요즘 모유랑 이유식을 반반씩 번갈아 가면서 먹이고 있는데, 요 며칠은 모유도 이유식도 잘 먹질 않아요. 심지어 평소에 가장 좋아하던 으깬 감자를 줘도 입을 벌리지 않더라고요."

엄마는 경험자다운 말투로 충고했다.

"아이가 감기만 걸리는 건 아니니까 며칠 지나도 나아지지 않으면 병원에 데리고 가는 게 좋겠어."

외숙모는 고개를 끄덕이며 덧붙였다.

"오늘은 일요일이라 진료소가 대부분 문을 열지 않아요. 만약 내일도 안 좋아지면 제가 바로 의사에게 데리고 가볼게요."

그 후로도 명안은 가만히 있지 않고 계속해서 지개와 놀아주려고 했다. 지개는 마치 명안에게 화답이라도 해주려는 듯싶다가도 눈을 뜨는 것조차 힘들어했다. 보다 못한 명안이 손으로 지개의 눈꺼풀을 위로 살짝 들어보았다. 하지만 손을 떼면 곧바로 눈꺼풀은 아래로 처졌다.

그 모습을 본 명설은 갑자기 불길한 생각이 들었다. 어제 진 선생님이 보툴리누스중독증에 대해 한 이야기가 생각났기 때문이다. 눈꺼풀이 자꾸 처지는 것도 그렇고, 입과 혀의 근육이 마비되어 말을 어눌하게 할 정도라면 당연히 음식을 삼키기도 어려운 것 아닌가. 아직 어린 사촌 동생이 통 먹질 않는 이유가 어쩌면 그것 때문일지도 모르는 일이었다. 설마 지개가 보툴리누스중독증에 감염된 걸까? 명설은 가족들이 괜히 놀랄까 봐 조용히 자기 방으로 들어와 다시 진 선생님에게 연락했다.

"선생님, 어제 말씀하셨던 보툴리누스중독증 말이에요. 혹시 어린 아기들도 걸릴 수 있나요?"

진 선생님이 말했다.

"보툴리누스균은 환경이 불리할 때 포자를 방출하고 환경이 좋아질 때까지 기다렸다가 싹을 틔워. 이 포자들은 산소가 부족하고 온도가 적당할 때 독소를 분비하지. 보툴리누스 독소가 대량으로 함유된 음식을 먹으면 누구나 보툴리누스중독증에 걸릴 수 있단다. 게다가 한 살 미만의 영아는 장내 세균이 제대로 생성되지 않고 보툴리누스균을 죽일 만큼 담즙산(쓸개즙의 주요 성분으로 음식물의 소화 및 소화산물의 흡수를 도와주는 역할을 함—옮긴이)도 충분하지 않아. 바꿔 말해 아직 방어기제가 확립되지 않은 영아들은 보툴리누스중독증에 가장 취약하지!"

"하지만 외숙모는 결벽증이 있어서 집안을 먼지 하나 없이 청소하고 음식 위생에도 엄청 신경을 쓴단 말이에요. 그런데 어떻게 포자가 생길 수 있죠?"

그러자 진 선생님이 궁금해 하는 말투로 물었다.

"근데 명설 너 지금 누굴 걱정하는 거니?"

명설은 진 선생님에게 사촌 동생의 상황을 말해 주었다.

"네가 말한 증상을 들으니 보툴리누스중독증과 비슷하구나. 아기 엄마가 아기에게 고기를 먹이지는 않았을 테고, 혹시나 꿀을 먹였다면 보툴리누스중독증에 걸릴 수도 있어."

"꿀은 고기가 아니잖아요. 어떻게 보툴리누스중독증에 걸리게 하죠? 설명을 들으면 들을수록 더 모르겠어요."

"꿀벌은 온갖 꽃을 옮겨 다니며 꿀을 따기 때문에 꿀 안에 보툴리누스균의 포자가 들어 있을 수 있어. 연구에 따르면 25퍼센트의 꿀에 보툴리누스균의 포자가 들어 있대. 그래서 한 살 미만의 영아에게는 꿀을 먹이지 않는 것이 제일 좋아."

명설은 더 이상의 설명이 필요 없을 것 같다고 판단하고 진 선생님에게 감사 인사를 한 후 전화를 끊었다. 그러고는 얼른 응접실로 뛰어가 외숙모에게 물었다.

"외숙모, 혹시 지개에게 꿀을 먹인 적이 있어요?"

"아니! 아기는 꿀을 못 먹는 거 아냐?"

"하지만 지개의 현재 증상이 보툴리누스중독증 같아서요. 그건 좀 위험한 질병이거든요. 내일까지 기다리지 말고 지금 당장 응급실에 가 보는 게 좋겠어요. 지개가 어디서 감염된 건지는 나중에 천천히 알아봐도 늦지 않으니까요."

외삼촌과 외숙모는 반신반의했지만, 아기의 건강이 걸린 문제라 가만히 있지 않고 명설의 건의대로 급히 병원으로 갔다.

1시간이 지난 뒤, 외삼촌이 전화를 걸어왔다. 외삼촌은 근전도(근육의 움직임에 따라 발생하는 전류의 변화를 기록하는 그래프―옮긴이) **검사를**

통해 지개가 보툴리누스중독증에 걸린 것으로 확인되었다고 말했다.

"의사도 지개가 꿀을 먹어서 그럴 수 있다고 하더라. 그런데 우리는 정말로 아이에게 꿀을 먹인 적이 없거든."

"혹시 집에 꿀이 있어요?"

"있지! 내가 지난번에 산간 지역에 갔다가 꿀을 한 병 사왔는데, 아직 다 못 먹고 남아 있어. 하지만 우린 그걸 지개에게 준 적이 없어!"

"제가 그 꿀을 가지러 가도 될까요?"

"내가 지금 지개 입원에 필요한 물건들을 챙기러 집에 갈 거거든. 너도 바로 우리 집으로 오렴. 만나면 내가 그 꿀을 줄게."

명안이 옆에 있다가 물었다.

"누나, 꿀로 뭐 하려고?"

"아기들이 보툴리누스중독증에 걸리는 가장 흔한 원인은 바로 꿀이야. 그런데 외삼촌과 외숙모는 지개에게 꿀을 먹이지 않았다고 하시잖아. 병에 걸린 진짜 원인을 찾기 위해서 지안 감식관님에게 그 꿀을 들고 가서 검사를 받아볼 거야."

그러자 명안이 누나에게 알려 주었다.

"외삼촌 집의 꿀만 검사하는 걸로는 부족해. 보모 아주머니가 먹였을지도 모르잖아."

"그래, 일리 있네."

명설은 아빠가 약품을 담으려고 준비해 둔 작은 유리병 두 개를 챙겨서 쏜살같이 외삼촌 집으로 갔다. 외삼촌은 부엌 찬장에서 꿀 한 병을 꺼냈다. 외삼촌 말로는 지난번 여행에서 순도 100퍼센트 꿀을 판다는 가게에 갔는데, 꿀이 가짜면 목을 베어도 좋다는 상인의 말을 믿고 한 병 샀다고 했다.

명설은 외삼촌의 꿀을 작은 유리병에 담았다. 그런 다음 보모 아주머니의 집에 가서 지개에게 꿀을 먹였는지 확인해 봐야 한다고 삼촌에게 말했다. 외삼촌이 고개를 끄덕이며 말했다.

"아주머니가 이 부근에 사니까 지금 함께 가보자."

명설은 외삼촌을 따라서 또 다른 아파트로 갔다. 초인종을 누르자 피부가 하얗고 통통한 아주머니가 문을 열고 나왔다. 그녀는 외삼촌과 명설에게 안으로 들어오라고 말했다. 두 사람이 자리에 앉자, 그녀는 의아해 하며 물었다.

"지개 아버님, 일요일인데 여긴 어쩐 일로 오셨어요?"

"지개가 보툴리누스중독증에 걸렸어요. 혹시 아주머니께서 아이에게 꿀을 먹이신 적이 있는지 여쭤보고 싶어서요."

"무슨 중독증이라고요? 그게 꿀이랑 관계가 있나요?"

"의사가 그러는데 한 살 이내의 아기들은 꿀을 먹으면 안 된다고 하네요. 혹시 지개에게 꿀을 먹이신 건 아니죠?"

아주머니는 조금 당황한 듯한 표정이었다.

"에… 그럼요…. 당연히 안 먹였죠…."

명설은 테이블 위에 놓인 꿀을 가리키며 물었다.

"그럼… 저 꿀은요…?"

"저건 제가 마시는 거예요."

아주머니는 황급히 꿀을 치우려 했다.

"그렇다면 제가 조금만 가져가도 될까요?"

"그건…."

아주머니는 난처한 듯 보였다. 명설은 작은 유리병을 꺼내며 설명했다.

"조금만 가져가면 돼요. 외삼촌 집에 있던 꿀과 함께 화학 실험실로 가져가려고요. 아주머니 꿀에 문제가 없다면 검사를 해 봐도 괜찮지 않나요?"

아주머니는 급히 반박했다.

"문제없어요. 이건 우리 친정에서 직접 기른 꿀벌이 만든 꿀이라 품질 좋은 순수 꿀이에요."

그리하여 명설은 순조롭게 아주머니의 꿀도 유리병에 담았다. 그러고는 두 유리병에 각각 외삼촌의 꿀과 보모의 꿀을 구분하여 표시해 두었다. 그 후 명설과 외삼촌은 보모에게 인사하고 그 집을 나왔다.

"삼촌, 삼촌은 얼른 병원에 가서 지개를 돌보세요. 저는 이 꿀들을 실험실로 가져가서 검사해 볼게요."

외삼촌이 떠난 후, 명설은 지안에게 전화를 걸어 그동안의 일들을 모두 설명했다.

"마침 내가 실험실에서 초과근무 중이야. 어느 꿀에 보툴리누스균의 포자가 있는지 검사해 줄 수 있어."

명설은 서둘러 실험실로 갔다. 지안은 우선 꿀 한 방울을 슬라이드글라스에 떨어뜨렸다. 그리고 그 위에 물 한 방울을 넣고 섞은 뒤 슬라이드글라스 덮개로 덮고 현미경으로 관찰했다. 그런데 현미경을 들여다보던 지안이 갑자기 어처구니가 없는 듯 헛웃음을 지었다.

"이건 진짜 꿀이 아니야. 그냥 시럽이야."

"네?"

명설은 깜짝 놀랐다.

"외삼촌 말로는 그걸 파는 사람이 진짜 꿀이라고 했다던데요. 꿀이 가짜면 목을 베어도 좋다면서요."

"그건 장사꾼들이 흔히 하는 말이지. 게다가 누구의 목을 벤다는 말은 하지 않았잖아. 아마 꿀벌의 목을 베기라도 했나 보다! 이것 봐, 이 안에는 꽃가루가 전혀 들어 있지 않아. 진짜 꿀에는 꽃가루가 들어 있거든."

이어서 명설과 지안은 똑같은 방법으로 보모의 집에서 가져온 꿀도 검사해 보았다.

"흠, 이건 진짜 꿀이 맞아. 안에 꽃가루도 들어 있어."

"이제 보니 지개는 보모 아주머니의 집에 있던 꿀을 먹고 보틀리누스중독증에 걸린 모양이군요."

명설은 의미심장한 표정으로 말하자 지안이 고개를 끄덕였다.

"그럴 가능성이 대단히 높아. 그걸 확실히 알고 싶다면 좀 더 상세한 검사를 진행해야 해. 시간만 충분히 있다면 꿀 속 DNA로 꿀벌들이 채집한 것이 어떤 식물의 꽃가루인지, 그 과정에서 어떤 곰팡이와 세균에 오염됐는지 알아낼 수 있어. 그러면 보툴리누스균을 찾아낼 확률이 매우 높겠지. 하지만 네 말대로라면 보모는 지개를 해치려는 의도가 전혀 없었어. 그분은 단지 몰랐던 것뿐이야. 한 살 이하의 아기는 꿀을 먹으면 안 된다는 사실을 말이야. 그냥 좋은 뜻으로 친정에서 가져온 진짜 벌꿀을 아기에게 먹였겠지. 그러다가 네가 다그치자 무서워서 섣불리 인정하지 못했을 테고. 그러니 이번 일은 다시는 아기에게 꿀을 먹이지 말라고 보모에게 충고하는 선에서 끝냈으면 좋겠어."

명설은 고개를 끄덕이며 동의했다.

"네, 외삼촌에게 그렇게 말할게요. 악의가 전혀 없는 일로 감식과 사람들의 귀중한 시간을 낭비해서는 안 되니까요!"

그날 저녁, 명설은 사건 조사 경과를 명안에게 모두 말해 주었다.

"결국 보모 아주머니가 인정했어. 파파야 퓌레를 만들어 지개에게 먹일 때 맛을 좋게 하기 위해서 꿀을 넣었대."

그러면서 명설은 결론을 내렸다.

"이번 일로 내가 크게 깨달은 건 독소도 적절히 응용하면 의료 목적으로 쓸 수 있다는 사실이야. 반면에 아무리 몸에 좋은 꿀도 아기에게 먹이면, 시럽을 벌꿀인 양 속여서 파는 것보다 더 나쁠 수 있다는 것도 깨달았지."

그 말을 듣고 명안은 뜻밖에도 이렇게 말했다.

"내가 깨달은 건 뭔지 알아? 우리가 각종 전문가를 한데 모아 메신저 방을 하나 만들면 사건 해결을 위한 싱크탱크가 될 수 있겠다는 거야."

사건 너머의 과학

보툴리누스 독소는 보툴리누스균으로 생성되며 신경 독성을 가진 일종의 단백질이다. 만약 이 균에 감염되면 치명적인 보툴리누스중독증이 발생하며 보툴리누스 독소를 유발할 수 있다. 반면에 의료나 미용에 사용할 수도 있다.

보툴리누스 독소는 의료적으로 경부근긴장이상, 안검경련증, 겨드랑이 다한증 등의 각종 질병 치료에 쓰인다. 또한 주름을 억제하는 등의 미용에도 쓰인다. 하지만 그와 같은 용도로 사용하다 사망한 사례가 여러 번 발생했기 때문에, 미국 식품의약청[FDA]은 포장 상자에 반드시 경고 문구를 표시하라고 요구한다. 주사를 맞은 부위에서 다른 부위로 독소가 퍼져나가 보툴리누스중독증과 유사한 증상을 유발할 수 있기 때문이다.

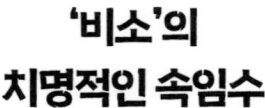

다섯 번째 사건

'비소'의
치명적인 속임수

명설의 엄마가 복막염으로 병원에 입원했다. 가족들은 병원에서 엄마 혼자 외롭고 심심해 할까 봐 세 사람이 교대로 함께 있어 주기로 했다. 그날 정오는 명안이 병원에 갈 차례였다. 명안은 병원 입구로 들어서다가 우연히 사립 탐정 위백을 만났다.

"위 형, 형이 왜 여기 있어요?"

"보험 사건을 조사하러 왔어. 근데 넌?"

"엄마가 병원에 입원해 있어요!"

위백은 깜짝 놀라 물었다.

"어떻게 된 일이야? 많이 아프시니?"

"아뇨, 심각한 건 아니에요. 복막염인데 시간 맞춰 정맥에 항생제를 투여해야 한대요."

"아프신 걸 알았으니 병문안을 가야겠다. 잠깐 기다려 봐. 지하상가에 가서 과일을 좀 사올게."

명안은 급히 말렸다.

"의사 선생님이 엄마에게 수분 섭취를 줄이라고 했어요."

위백은 잠시 머뭇거리다가 말했다.

"그럼… 음료수라도 사올게. 빈손으로 병문안을 가는 건 예의가 아니니까."

위백이 고집을 부리자, 명안은 그와 함께 지하상가에 가서 음료수 세트를 샀다. 그런 다음 두 사람은 엘리베이터를 타고 14층 병실로 올라갔다.

아침부터 엄마와 함께 있던 명설은 위백이 동생과 함께 들어오는 것을 보고 깜짝 놀랐다. 엄마도 명안을 꾸짖듯 말했다.

"무슨 큰 병이 난 것도 아닌데 왜 위백 씨에게 말한 거니? 괜히 번거롭게 오셨잖아."

위백은 손을 휘휘 내저으며 말했다.

"명안이 말한 게 아니에요. 마침 제가 이 병원에 사건을 조사하러 왔다가 입구에서 명안을 마주쳤어요."

명설은 사건을 조사하러 왔다는 말을 듣자마자 곧바로 관심을 보였다. 위백과 엄마가 안부 인사를 나누고 난 뒤에 명설이 물었다.

"위 오빠, 근데 어떤 사건을 조사하러 병원에 왔어요?"

"5층 병실에 가서 거기 입원한 고등학교 여학생을 조사할 거야. 그 학생 어머니가 보험회사에 입원 보험금을 청구했거든. 그래서 회사에서 알아보라고 했어."

엄마는 못마땅해 하며 고개를 내저었다.

"아무튼 보험회사들은 너무해. 보험료를 받을 때는 제때 내라고 독촉하면서 막상 보험금을 청구하면 이런저런 핑계를 댄다니깐. 입원 보험금이 하루에 많아 봐야 몇십만 원인데 사람까지 보내서 조사하는 걸 보면 상황이 좀 심각한가 봐요?"

위백이 급히 해명했다.

"그게 아니라 조금 의심스러운 점이 있어서요. 그 여학생의 아버지가 얼마 전에 사망해서 보험회사에 고액의 보험료를 청구했는데, 지금 딸이 또 비슷한 병으로 병원에 입원했거든요."

명설은 어리둥절했다.

"5층에 입원한… 고등학교 여학생인데… 아버지가 얼마 전에 돌아가셨다면… 혹시 위 오빠가 말하는 그 환자, 오운혜 아니에요?"

위백은 깜짝 놀라 물었다.

"환자 이름이 오운혜인 걸 어떻게 아니? 너도 아는 학생이야?"

"우리 학교 친구예요! 그 애 아버지가 돌아가신 지 얼마 안 되었거든요. 그 뒤로 운혜도 몸이 별로 안 좋았어요. 맨날 피곤하다는 소리만 하고 몸도 갈수록 눈에 띄게 야위었죠. 최근에는 걷는 것도 영 불안정했어요. 그래서 계속 결석하고 있거든요. 근데 오늘 아침에 제가 엄마를 보러 병원에 오다가 엘리베이터에서 우연히 운혜 어머니를 만난 거예요. 아주머니 말씀이 운혜가 이런저런 검사를 받으려고 병원에 입원했다고 하더라고요! 그래서 그 애가 5층 병실에 입원에 있다는 것을 알게 되었어요. 아직 병문안을 갈 시간은 없었어요."

그러자 엄마가 물었다.

"5층은 종양과 병동 아니야? 설마 운혜가 어린 나이에 암이라도 걸렸단 말이야?"

명설이 대답했다.

"운혜가 종양과 병동에 입원한 건 맞아요. 하지만 아주머니가 그러셨어요. 운혜가 그동안 이런저런 약도 먹고 여러 의사에게 진료도 받았는데 몸이 좋아지지 않고 병의 원인도 찾지 못했다고요. 그래서 이번에 이 병원으로 옮겨서 검사를 받는다고 했어요. 병의 원인을 찾아내려고 입원한 거죠. 의사 선생님은 양전자방출단층촬영^{PET} (양전자를 방출하는 방사성 의약품을 환자에게 주입한 후 생리적, 생화학적, 기능적 상태 및 병적 변화를 살펴보는 것—옮긴이)을 할 거라고 했대요. 그래서 검사 결과가 나오기 전까지는 암이라고 확신할 수 없어요."

위백은 잠시 망설이다가 물었다.

"혹시 운혜 어머니가 어떤 분인지 말해줄 수 있니?"

"자상하시고 온화하고 운혜를 잘 챙기세요. 우리에게도 친절하게 대해주시고요!"

위백은 조금 더 깊이 물었다.

"그럼 운혜 어머니와 아버지는 사이가 좋으셨니?"

"좋으셨죠! 그런데 그건 왜 물어요?"

명설은 조금 곤혹스러워했다.

"설마 아주머니를 의심하시는…."

"의심하는 건 아니고 조사 업무를 맡았으니까 여러모로 살펴봐야 해. 어쨌든 운혜 아버지 오 씨도 돌아가시기 전에 오랫동안 피로 때문에 의사에게 진료를 받았었어. 그런데 병원에서 정확한 검사를 받기 전에 그만 돌아가신 거야. 아버지와 딸의 병세가 너무 비슷하니 반드시 진실을 밝혀내야 해."

그렇게 말하고 나서 위백은 곧바로 인사를 했다.

"그럼 전 이만 5층 병동으로 가서 환자 상황을 파악해야겠어요. 먼저 가보겠습니다."

그러자 명설이 다급하게 말했다.

"같이 가요. 저도 마침 운혜를 보러 가려던 참이에요."

명안은 엄마에게 물었다.

"엄마, 나도 같이 갔다 오면 안 돼요? 얼른 갔다 와서 엄마랑 있을게요."

엄마는 한숨을 쉬며 말했다.

"넌 엄마보다 탐정 일이 더 중요하지? 그렇지?"

명안은 난처한 표정으로 머리를 긁적이며 말했다.

"엄마가 싫다고 하면 안 갈게요."

"농담이야! 엄만 괜찮아. 돌봐줄 사람 없어도 되니까 얼른 갔다 와."

위백이 아이들을 보며 말했다.

"그러면 너희 둘은 먼저 가서 친구를 만나고 있어. 난 지하상가에 가서 과일을 좀 사갈게. 그리고 조사하러 온 게 아니라 그냥 병문안 왔다고 말할 거니까 너희도 모른 척해 줘."

병실에 도착한 명설과 명안은 운혜 엄마에게 인사한 뒤 운혜와 이야기를 나눴다. 하지만 운혜는 피곤한 듯 침대에 누워 힘없이 대답만 했다. 10분 정도 지났을까? 위백이 들어와 운혜 엄마에게 방금 산 과일 바구니를 건네며 인사했다.

"안녕하세요? 저는 보험회사 직원입니다. 따님이 입원하셨다는 소식을 듣고 회사에서 저를 이곳으로 보냈습니다. 따님도 살

91

펴보고 또 보험금 청구 업무도 도와드리려고요. 다만 보험금을 지급하기 전에 몇 가지 물어볼 것이 있어요."

운혜 엄마는 과일을 내려놓더니 이맛살을 찌푸리며 병실 밖을 가리켰다.

"바깥 휴게실에 가서 이야기하죠."

두 사람이 나간 후, 명설이 운혜에게 조용히 물었다.

"너 괜찮아?"

운혜는 힘없이 대답했다.

"괜찮아. 조금 피곤할 뿐이야. 사실 여기서 별다른 치료는 받지 않고 검사만 기다리고 있어. 그것보다 엄마가 자꾸 민간 처방 약을 먹으라고 주는데, 그게 정말 고역이야."

"민간 처방 약? 병원 의사가 처방해 준 약이 아니란 말이지?"

명설은 뭔가 이상한 느낌이 들었다.

"응, 너도 알지? 내가 어려서부터 아토피 피부염을 앓고 있다는 거."

운혜는 손을 뻗어 명설에게 팔을 보여주었다. 피부가 발갛게 부어오르고 물집이 잡혀 있으며 군데군데 딱지도 앉아 있었다.

"우리 아빠도 아토피 피부염이 있었는데, 이게 유전인지 나도 똑같이 앓고 있어. 그런데 엄마가 얼마 전에 소도시에 있는 서모 의사가 용하다는 말을 듣고는 그 의사한테 조상 대대로 전해

내려오는 약을 지어 와서는 아빠랑 나더러 먹으라고 했어. 이제 아빠는 돌아가시고 나는 또 입원했는데 엄마는 여전히 그 약을 먹으라고 해."

그때 명안이 운혜가 내민 손을 유심히 쳐다보며 말했다.

"누나 손톱이 왜 이래?"

명안의 말에 명설은 그제야 운혜의 손톱에 초승달 모양의 하얀 가로줄 무늬가 그려져 있는 것을 알아차렸다. 운혜는 어깨를 으쓱이며 말했다.

"잘 모르겠는데? 아마 아토피 피부염 때문에 그런가 봐."

명안이 호기심에 물었다.

"내가 좀 만져봐도 될까?"

운혜가 고개를 끄덕였다. 명안이 만져보니 손톱 자체는 매끈했다. 하얀 줄무늬가 손톱 안쪽으로 생긴 모양인지 손톱 겉면은 울퉁불퉁하지 않았다. 명설은 손톱 위에 생긴 하얀 줄무늬를 보는 순간, 위백을 도와 이 사건을 조사해야겠다는 생각이 들었다. 명설이 목소리를 낮추어 운혜에게 물었다.

"네 손톱 사진을 좀 찍어도 될까?"

운혜는 이해가 되지 않은 듯 의아한 표정으로 물었다.

"물론이지! 근데 이걸 찍어서 뭐 하려고?"

명설은 휴대전화로 사진을 찍으면서 말했다.

"내가 아는 사람 중에 의학에 능통한 분이 계시는데, 이걸 보여주고 이 무늬가 아토피 피부염 때문인 건지 물어보려고 그래. 그리고 네가 먹고 있다는 그 민간 처방 약도 한 봉지 줄래? 그게 무슨 약인지 알아봐 달라고 부탁해 볼게."

운혜는 침대 옆에 있는 작은 탁자의 첫 번째 서랍을 열었다.

"내가 민간 처방 약을 먹고 있다는 것을 의사들이 알게 될까 봐 엄마가 약을 이곳에 감춰두라고 했어. 난 하루에 이걸 두 봉지 먹어야 해. 이거 한 봉지 가져가."

운혜는 큰 약봉지에서 작은 봉지 하나를 꺼내어 명설에게 주었다. 하얀 포장지 안에는 주황색 가루약이 들어 있었다. 그때 운혜 엄마가 병실로 돌아왔다. 명설은 황급히 약을 호주머니에 집어넣었다. 운혜 엄마는 불만스러운 듯 투덜거렸다.

"그 직원 정말 짜증난다. 달랑 몇십만 원밖에 안 되는 보험금 주면서 뭘 그리도 많이 묻는다니! 나중엔 귀찮아서 아예 의사에게 물어보라고 했어."

명설과 명안은 곧바로 작별 인사를 했다. 병실을 나온 후에 명설이 동생에게 말했다.

"오후에는 네가 엄마 옆에 있을 차례니까 방금 찍은 사진이랑 가루약은 내가 지안 감식관님에게 가서 보여줄게."

명안은 고개를 끄덕이며 말했다.

"알았어. 결과가 나오면 내게도 즉시 알려줘!"

경찰서 감식과에 도착한 명설은 우선 지안에게 대략적인 사건 내용을 말해 주었다. 지안은 심각한 표정으로 말했다.

"얼른 그 사진을 보여주렴."

명설은 휴대전화 속 사진 갤러리를 열어 방금 찍어온 손톱 사진을 찾아서 지안에게 보여주었다. 그러자 지안이 한숨을 쉬며 말했다.

"내 추측이 맞는구나. 이건 미즈선Mee's lines이야."

"미즈선? 그게 뭐예요?"

"미즈선은 손톱이나 발톱에 생기는 하얀 가로줄 무늬를 말해. 대개 비소나 탈륨, 기타 중금속 중독 때문에 생기고, 신부전 환자에게도 나타날 수 있어."

"그럼 아토피 피부염과는 상관없나요?"

지안은 고개를 끄덕였다.

"상관없어. 운혜가 먹고 있는 약도 줘 보렴. 무엇 때문에 미즈선이 생겼는지 성분 분석을 해봐야겠어."

명설은 주황색 가루약 봉지를 지안에게 건넸다. 지안은 봉지를 열어 한동안 가루약을 자세히 관찰했다.

"이런 민간 처방 약은 보통 여러 가지 약을 한데 섞어서 만들기 때문에 색깔만으로는 어떤 성분인지 알아낼 수 없어. 조금만 기다려. 10분 정도면 결과를 알 수 있을 거야."

"와, 그렇게 빨리요? 여기서 기다릴게요."

10분 뒤, 지안은 검사 장비가 든 네모난 가방을 들고 실험실을 나왔다.

"이거 보통 일이 아니구나. 네가 준 그 가루약에는 105밀리그램의 삼산화비소가 들어 있었어. 병원에 가서 그 아이의 손톱과 머리카락을 채취해 검사하면 얼마나 중독이 심각한지 확인할 수 있어."

명설은 고개를 갸우뚱하며 되물었다.

"삼산화비소요? 흔히들 '비상'이라고 부르는 것 아닌가요? 제 기억엔 주황색이 아니라 흰색 가루였던 것 같은데."

"맞아! 삼산화비소가 바로 비상이야. 그 자체는 흰색 가루지. 하지만 다른 약초랑 섞여서 주황색을 띠는 거야. 19세기 말에서 21세기 초까지도 사람들은 여전히 비상을 먹으면 체력을 강화할 수 있다고 생각했어. 그래서 그걸 약에 넣어 복용했지. 하지만 비상은 독성이 큰 물질이야. 비상이 들어간 약을 처방하는 건 명백히 불법이야."

그때 형사반장인 이웅도 실험실로 찾아와 지안에게 말했다.

"전화를 받자마자 검찰관에게 오 씨의 사인을 조사해 달라고 요청했어요. 필요하다면 관을 열고 시체도 검시해야겠죠. 지금

함께 병원에 가보죠. 그 처방 약을 지어준 의사가 어디에 사는지 알아내야 하거든요."

명설은 괴로워하며 말했다.

"저는 함께 못 가겠어요. 어쨌거나 제가 이 일을 고발한 셈이라 좀 난처해요. 제 친구가 독이 든 약을 먹는 걸 가만히 내버려둘 수는 없었던 건데…."

명설은 한숨을 내쉬고는 계속 말했다.

"만약 아주머니가 사건에 연루되었다면 운혜는 짧은 기간에 엄마와 아빠를 모두 잃게 되는 거잖아요. 어쩌죠?"

이웅은 명설의 어깨를 토닥이며 말했다.

"넌 옳은 일을 한 거야. 네가 이 사건을 파헤치지 않고 네 친구가 계속 독 있는 약물을 먹었다면, 아마 그 친구도 자기 아버지와 마찬가지로 생명이 위험했을 테니까. 게다가 얼마나 많은 사람이 아직 그 처방 약을 먹고 있을지도 모르잖니. 네 덕분에 그 사람들의 목숨까지 건진 거야. 오 씨 부인은 현재로서는 민간 처방 약을 잘못 믿은 것뿐이고 가족을 해칠 의도는 없었던 것으로 보여. 검찰관이 부인에게 형사상의 책임을 묻지 않을 수도 있으니 너무 걱정할 필요 없단다."

그날 밤 지안은 운혜의 손톱과 머리카락에서 비소가 검출되었으며, 운혜의 증상은 그 민간 처방 약을 먹어서 생긴 비소 중독에서 비롯된 것으로 밝혀졌다고 명설에게 알려왔다.

다음 날 신문에는 경찰이 소도시에 있는 서 모 씨를 체포했다는 기사가 실렸다. 그는 의사 면허증이 없는데도 의사인 척 행세하며 비소를 함유한 독극물 가루를 판매해 환자가 복용하도록 했다고 한다.

일주일 후, 엄마의 치료 과정이 끝났다. 명설과 명안은 병원에 가서 엄마의 퇴원 수속을 도왔다. 병원 입구로 나와서 택시를 불러 집으로 가려던 세 사람은 뜻밖에도 위백을 다시 만났다. 위백은 우선 명설 엄마가 건강을 회복하고 퇴원한 것을 축하해 준 뒤 이렇게 말했다.

"오늘 운혜의 퇴원 수속을 도와주러 왔어요. 비소 중독 때문에 생긴 병이라는 사실이 밝혀지자, 의사는 곧바로 운혜에게 적절한 약을 처방해서 매일 세 차례 복용하게 했어요. 그랬더니 증상이 금방 가라앉더군요. 그래서 오늘 이렇게 퇴원할 수 있게 되었어요. 집에 가도 당분간은 계속 약을 먹어야 한답니다. 의사 말로는 비소 중독은 노출 정도와 증상에 따라 예후가 다르다고 해요. 운혜는 아직 많이 허약해서 잘 치료하며 지켜봐야 한다고 해요. 그래서 차로 모녀를 집까지 태워주려고 왔어요."

엄마가 물었다.

"운혜 엄마는 괜찮나요?"

"오 씨 부인은 많이 자책하고 있어요. 자신이 어리석어서 가족들을 해쳤다고 생각하죠."

명설이 말했다.

"앞으로 제가 운혜 집에 가면 아주머니가 별로 반기지 않을까 봐 걱정돼요."

그러자 위백이 말했다.

"그럴 리가. 그분은 너희 남매가 운혜의 목숨을 구했다고 생각하시는걸. 운혜가 건강을 회복하면 딸과 함께 너희 집으로 가서 감사 인사도 하실 거랬어!"

사건 너머의 과학

미즈선은 손톱이나 발톱에 나타나는 하얀 가로줄 무늬를 말한다. 이 줄무늬는 일반적으로 비소, 탈륨 또는 기타 중금속 중독에 의해 발생하며, 신부전 환자에게도 나타날 수 있다. 미즈선이라는 이름은 네덜란드 의사인 루돌프 미즈 Rudolf A. Mees의 이름에서 따왔다. 그는 1919년에 이 비정상적인 손톱 현상을 언급했다. 그러나 1901년에 영국인 내과의사 어니스트 레이놀즈 Ernest S. Reynolds, 그리고 1904년에 미국의 신경과 의사 찰스 알드리치 Charles J. Aldrich가 미즈보다 앞서 그와 같은 현상을 언급한 적이 있다. 그래서 미즈선을 '레이놀즈선' 또는 '알드리치선'이라고도 한다.

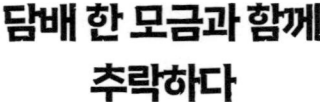

담배 한 모금과 함께
추락하다

여름휴가를 맞아 명설 가족이 뉴질랜드로 여행을 떠났다. 대만은 여름에 너무 덥기 때문에 남반구의 뉴질랜드에서 휴가를 보내기로 한 것이다.

명설 가족은 이코노미석에 한 줄로 좌석을 예약했다. 승객들 탑승이 모두 끝나자, 좌석 앞 모니터가 켜지고 비상시 비행기 탈출 장비의 사용법이 영상으로 안내되었다. 동시에 승무원이 복도 한가운데 서서 시범을 보였다. 비행시간이 10시간 이상이라 비행기 안에서 머무르는 시간이 너무 길다고 생각한 명안은 탈출 장비 사용법을 잘 익혀두기로 했다. 그래서 모니터 속 설명을 특히 주의 깊게 보았다. 명안이 산소마스크가 내려오는 장면을 보다가 호기심에 아빠에게 물었다.

"아빠, 산소마스크는 어떤 상황에서 내려와요?"

아빠는 검지를 입술에 대고는 조용히 말했다.

"쉿! 일단 영상을 집중해서 봐. 다 보고 나면 설명해 줄게."

영상이 끝나고 비행기가 이륙해 안정적인 고도에 접어들자, 승무원이 기내식 서비스를 시작했다. 명안은 너무 신난 나머지 산소마스크에 대한 질문은 완전히 까먹어 버렸다.

명설 가족은 오클랜드 공항에 내린 후, 아빠가 빌린 렌터카를 타고 여행을 시작했다. 저녁 식사 때가 되어 밥을 먹으면서 아빠가 명안에게 물었다.

"너 산소마스크가 내려오는 타이밍에 대해 아직 궁금하니?"

명안은 입 안 가득 밥이 들어 있어 차마 대답을 못하고 고개만 끄덕였다.

"요즘 승객을 태우는 제트기는 비행 고도가 매우 높아. 공기가 희박하면…."

명안은 입에 있던 밥을 얼른 삼키고 물었다.

"왜요? 전 평소와 다른 걸 전혀 느끼지 못했는데요!"

그러자 명설이 말참견을 했다.

"바보야! 공기 분자도 질량이 있잖아! 중력의 영향을 받기 때문에 상공에서는 기압이 지상보다 거의 절반이라 공기 자체의

103

양이 줄어들어. 그런데 산소는 질소보다 조금 무겁긴 하지만, 대기에서는 끊임없이 섞이고 움직이기 때문에 해수면이나 상공이나 산소가 차지하는 비율은 거의 같아. 다만 고도가 높아질수록 공기의 양이 줄어들기 때문에, 결국 그만큼 산소의 절대량도 자연스럽게 줄어들게 되는 거지."

"그래, 설명 참 잘했어. 하지만 동생은 초등학생이니까 그런 걸 모르는 게 당연하잖아. 그러니까 툭하면 동생 비웃지 말고 인내심을 갖고 쉽게 설명해 주럼."

아빠는 명설을 살짝 꾸짖은 뒤 다시 설명을 이어갔다.

"승객들이 정상적으로 숨 쉴 수 있도록 현재 여객기들은 통상적으로 기내 내부의 압력을 높여. 그래서 기내에서는 산소가 부족하다는 것을 전혀 눈치 채지 못하지. 하지만 비행기가 고장 나서 압력을 제대로 높이지 못하면 승객들은 산소가 부족해져. 이때 산소마스크가 자동으로 떨어지지. 그러면 너랑 제일 가까운 곳에 있는 산소마스크를 붙잡아 입과 코에 반드시 착용해야 해. 안 그러면 산소 부족으로 혼수상태에 빠질 수 있어."

"정말 무섭네요. 지금까지 우리가 그렇게 무서운 상황을 만나지 않아서 다행이에요."

명설 가족은 뉴질랜드 북섬에서 이틀 동안 놀다가 뉴질랜드 국내선을 타고 남섬으로 갔다. 그리고 다시 다른 차를 렌트해서 프란츠 요제프로 갔다. 그들은 현지 여행사에 빙하 트래킹을 신청한 후, 오후 1시 출발을 기다렸다.

빙하 트래킹의 인솔자는 '훙'이라는 이름의 마오리족 청년인데, 피부가 까무잡잡하고 체구가 다부졌다. 그는 트래킹에 참가한 인원들을 불러 모아 안전 사항에 대해 알려주었다.

"빙하는 역동적이라 수시로 움직입니다. 얼음도 제멋대로 녹아내리죠. 어디를 밟고 어디를 밟을 수 없는지는 모두 경험을 통해 판단해요. 그러니 제 뒤를 잘 따라오셔야 안전합니다. 혼자서 제멋대로 다니시면 안 됩니다."

이어서 훙은 트래킹 참가자들에게 방한과 방습이 되는 두꺼운 점퍼를 하나씩 나눠줬다. 참가자들은 총 12명으로, 대만에서 온 명설 가족 4명과 한국에서 온 젊은 여성 4명, 그리고 독일과 네덜란드에서 온 관광객 4명 이렇게 3개의 소그룹으로 나뉘었다. 그들은 여행사에서 마련한 소형 버스 한 대로 산기슭에 도착한 뒤, 도보로 빙산을 둘러보기 시작했다.

과연 훙의 말대로 얼음은 수시로 움직이며 녹아내리고 있었다. 산 전체가 깨진 얼음으로 새하얗게 뒤덮여 있었고, 녹은 얼음은 물로 변해 작은 도랑을 이루며 산기슭으로 졸졸 흘러가고 있었다. 그들은 때때로 얼음으로 만들어진 동굴을 통과하기도 했다. 녹은 얼음물이 아래로 떨어졌다. 그제야 참가자들은 왜 방습이 되는 외투를 입어야 하는지 깨달았다. 한 번도 해본 적 없는 새로운 경험에 모두 조심스럽게 인솔자 홍의 뒤를 따라야 했다.

그들이 산 중턱에 올랐을 때, 홍은 그곳이 오늘의 트래킹 코스 종착점이며 위쪽 길은 너무 걷기 힘들어서 일반 관광객에게는 적합하지 않다고 말해주었다. 그런데 그때 하늘에서 요란한 기계음이 들려왔다. 모두 고개를 들어 하늘을 쳐다보았다. 헬기 한 대가 날아오고 있었다. 명안은 흥분해서 소리쳤다.

"이곳에 헬기가 왜 있어요?"

홍이 설명했다.

"트래킹 대신 헬기를 타고 빙하의 절경을 구경하는 관광객도 있어. 도보로 가면 한 번에 한 개의 빙하만 둘러볼 수 있는데, 헬기를 타면 빙하 두 곳과 눈이 쌓인 고산 하나를 한꺼번에 볼 수 있지. 이 근처에는 프란츠 요제프 빙하 외에도 폭스 빙하와 쿡 산이 있어."

그 말을 듣고 명안이 아빠에게 물었다.

"아빠, 우리는 왜 헬기 안 타요?"

아빠는 난처해 하며 대답했다.

"알아보니까 헬기로 빙하 두 곳을 둘러보는 투어는 한 사람당 비용이 200달러가 넘더구나. 쿡 산까지 추가하면 500달러가 넘어. 너무 비싸서 포기했지."

명안은 더 이상 아무 말도 하지 못하고 입만 삐죽 내밀었다. 그때 엄마가 아빠의 팔꿈치를 툭 치며 말했다.

"여보, 모처럼 해외여행 왔는데 비용은 따지지 말고 아이들에게 좋은 경험을 선물해 줘요."

그러자 옆에 있던 한국 여학생들도 자기들끼리 뭐라 상의하더니 헬기 투어에 함께 참가하겠다고 했다.

"지금 헬기를 타러 가면 너무 늦나요?"

홍은 주저하며 말했다.

"조금 늦긴 한데, 그래도 추가 근무를 원하는 조종사가 있는지 한번 알아보겠습니다."

잠시 후 휴대전화로 연락을 해보던 홍이 말했다.

"가능하답니다. 헬기 한 대당 최소 세 명은 타야 출발할 수 있어요. 최대 여섯 명까지 탈 수 있고요. 그래서 여덟 분이 헬기 두 대에 나누어서 타면 될 것 같은데, 마침 두 명의 조종사가 여러분을 기다리겠답니다. 그러면 산에서 내려가는 대로 소형 버스로 헬기 계류장까지 태워다 드리겠습니다. 다른 분들도 거기서 해산하면 될 것 같아요."

그리하여 그들은 홍을 따라왔던 길로 되돌아갔다. 출발지에 도착하니 벌써 오후 4시였다. 홍은 그들을 마을 큰길에서 멀지 않은 계류장까지 태워주었다.

콘크리트 공터인 계류장에는 붉은색과 흰색으로 멋지게 꾸며진 헬기 3대가 주차되어 있었다. 그리고 파란 제복에 흰색 헬멧을 쓴 젊은 조종사 한 명이 헬기 옆에 비스듬히 기대어 담배를 피우고 있었다. 또 다른 조종사는 나이가 많아 헬멧 아래로 흰 머리가 보였다. 그는 근사한 선글라스를 끼고 있었는데, 상당히 노련하고 멋져 보였다. 흔하지 않은 기회라 명안은 아빠가 표를 사는 동안 휴대전화를 들고 연신 헬기들을 찍어댔다. 홍이 젊은 조종사를 가리키며 말했다.

"이분은 제이슨입니다."

뒤이어 백발의 조종사도 소개했다.

"이분은 엘입니다."

아빠는 엘의 헬기를 타겠다고 말하고는 제일 먼저 헬기에 올라타 운전석 옆에 앉았다. 나머지 가족도 뒤따라 헬기에 몸을 실었다.

네 명의 한국 여학생은 제이슨이 조종하는 헬기에 올라탔다. 제이슨은 그제야 담배를 비벼 끄고는 운전석에 앉았다. 두 명의 조종사는 잇따라 엔진을 가동했고, 헬기는 곧바로 하늘로 날아올랐다.

높은 곳에서 내려다보는 빙하는 과연 달랐다. 빙하 전체를 내려다볼 수 있었는데, 더할 나위 없이 아름다웠다. 게다가 헬기가 빙하 꼭대기에 이르자, 조종사는 사람들을 그곳에 잠시 내려 둘러볼 수 있게 해주었다. 조금 전 트래킹을 할 때 산 중턱까지만 갔다가 되돌아오는 것과는 비교도 안 되게 좋았다.

잠시 뒤 엘은 사람들을 태우고 다시 이륙해서 멀리 폭스 빙하 쪽으로 헬기를 몰기 시작했다. 명안은 가는 동안 헬기 안 시설들을 살펴보다가 산소마스크가 없는 것을 발견했다. 게다가 가압 시설도 따로 없었다. 명안이 엘에게 물었다.

"이러면 산소가 부족할 수 있지 않나요?"

"규정에 따르면 3,800미터에서 4,300미터 사이의 고도를 비행할 때는 30분의 시간제한이 있어요. 그러니까 그 고도에서는 30분 정도 머물러도 산소를 보충할 필요가 없다는 거죠. 30분을 초과하면 산소를 보충해야 하고요. 만약 고도가 4,300미터를 넘어서면 즉시 산소를 보충해야 해요. 여러분이 구매하신 것은 빙하 두 곳을 둘러보는 티켓입니다. 비행 고도는 약 3,000미터, 비행시간은 약 30분이므로 전혀 걱정할 필요가 없어요. 제이슨이 태운 한국 관광객들이 산 티켓은 쿡 산 코스도 포함되어 있어요. 그건 전체 비행시간이 40분 정도 되죠. 하지만 쿡산을 둘러보는 10분 동안만 4,000미터까지 올라가요. 그래서 우리 회사의 모든 헬기에는 가압 장치도 필요 없고 산소마스크를 제공할 필요도 없어요."

폭스 빙하를 둘러본 후에 헬기는 방향을 바꾸어 프란츠 요제프로 되돌아갔다. 제이슨이 조종하던 헬기는 이들보다 늦게 이륙해서 쿡 산 쪽으로 날아갈 예정이었다. 명안은 그 틈을 놓치지 않고 휴대전화를 꺼내어 제이슨의 헬기 사진을 찍었다.

그런데 일정 거리만큼 위로 올라가던 제이슨의 헬기가 갑자기 아래로 뚝 떨어졌다. 명설 가족은 놀라서 저도 모르게 소리를 질렀다. 엘도 깜짝 놀라 말했다.

"어떻게 된 일이지?"

헬기는 아래로 떨어진 지 얼마 되지 않아 갑자기 위로 솟구치더니 또다시 속도를 잃고 폭스 빙하로 추락했다. 엘은 급히 무전으로 구조를 요청하고 헬기 방향을 돌려 폭스 빙하 쪽으로 되돌아갔다. 그리고 추락한 헬기 옆에 착륙했다. 엘은 황급히 달려가 제이슨을 조종석 밖으로 끌어냈다. 명설 가족도 서둘러 한국 여학생 4명을 구해서 눈밭에 눕혔다.

다행히 헬기는 땅에 완전히 처박히기 직전에 조금 위로 상승했다가 지상에서 별로 높지 않은 곳에서 다시 바닥으로 떨어졌다. 그 때문에 헬기는 부서졌지만 안에 타고 있던 사람들은 모두 살 수 있었다. 단지 그들은 큰 충격으로 잠시 기절했을 뿐이었다. 상의 끝에 엘과 명설 가족은 먼저 부상자들을 엘의 헬기

에 태워 병원으로 이송하기로 했다.

"제가 이미 경찰을 불렀으니, 곧 여러분을 마을로 데려다 줄 헬기가 이곳에 올 겁니다."

엘은 이륙하기 전에 명설 가족을 안심시켰다. 아빠는 손을 흔들며 말했다.

"저희는 괜찮습니다. 얼른 사람들을 병원으로 데리고 가세요!"

헬기가 멀리 날아간 뒤, 아빠는 한숨을 내쉬며 말했다.

"엘의 헬기를 골라 타서 다행이구나. 안 그랬다면 우리가 크게 다쳤을지도 몰라. 아빠는 제이슨이 담배 피우는 것을 보고는 그 헬기를 타지 않기로 했거든."

명설이 물었다.

"제이슨은 헬기 밖에서 담배를 피웠어요. 계류장처럼 광활한 곳은 실외에 속하니까 규정을 어긴 건 아니잖아요?"

명안도 아빠 말에 동의할 수 없었다.

"아빠, 헬기 두 대 중 하나가 사고 난 건 순전히 운이에요. 이런 상황이 벌어질 줄은 아빠도 몰랐을 텐데, 이제 와서 그렇게 말하는 건 괜한 뒷북 아닌가요?"

아빠는 곧바로 해명했다.

"그건 너희가 날 오해한 거야. 예전에 내가 이런 연구 결과를 본 적이 있어. 담배가 탈 때 유독성 기체인 일산화탄소가 약간 발생하는데 그게 헤모글로빈과 결합한다는 거야. 일산화탄소가 헤모글로빈과 결합하는 능력은 산소의 200배나 돼. 그런 환경에서는 몸에 산소가 부족하게 되지. 실험에 따르면, 담배 세 개비를 피운 조종사는 2,300미터 고도를 비행할 때도 3,100미터에서 3,400미터의 고도를 비행할 때와 마찬가지로 몸에 산소가 부족해진다고 해. 사람은 산소가 부족하면 온갖 이상 행동을 하게 돼. 모의 고공비행을 훈련하는 저기압실에서 테스트를 진행한 결과, 사람은 산소가 부족한 환경에서 '다행증'을 경험한다는 사실이 밝혀졌단다. 다행증이란 비정상적일 만큼 과도하게 행복감을 느끼는 증상이야. 그런 증상을 보이는 사람들은 자기 이름도 정확하게 못 쓰고, 자신이 최고라고만 생각해!"

그때 경찰 측 헬기가 산꼭대기에 도착했다. 몇몇 감식 인원들이 현장에서 증거물을 수집하느라 분주한 가운데 한 경관이 명설 가족을 부르며 헬기에 타라고 했다.

"여러분은 사고 목격자들이라서 경찰서에서 진술서를 작성한 뒤에야 숙소로 가실 수 있습니다."

아빠는 고개를 끄덕이며 말했다.

"물론이죠. 그뿐만 아니라 헬기 조종사였던 제이슨의 피도 검사해 보시는 게 좋겠어요. 분명히 혈중 일산화탄소 농도가 높을 겁니다. 그게 사고의 원인일 수도 있어요."

명안은 휴대전화를 흔들며 말했다.

"제가 제이슨이 이륙 전에 담배를 피우던 모습과 헬기 추락 전후 사진을 연속으로 찍었어요. 그 사진도 제공할게요!"

명설도 한마디 거들었다.

"대신 한 가지 부탁이 있어요. 조사가 끝나면 사고의 진짜 원인을 저희에게도 이메일로 알려주세요."

10일 뒤, 명설 가족은 대만으로 돌아왔다. 명설이 컴퓨터를 켜보니 뉴질랜드 경찰이 조사 결과가 상세히 적힌 이메일을 보내왔다. 과연 아빠의 예상대로 제이슨의 혈중 일산화탄소 농도는 매우 높았다. 게다가 한국 여학생들도 정신을 차린 뒤에 제이슨이 이륙 전에만 담배를 피운 게 아니라고 지적했다. 사고 직전 비행에서도 제이슨이 정신을 차려야겠다면서 조종석에서 담배를 피웠다는 것이다.

그 결과 깊이 들이마신 담배 한 모금 속에 들어있던 일산화탄소가 혈액 속 헤모글로빈에 들러붙어 산소 대신 자리를 차지했고, 그 때문에 뇌로 올라가는 산소 공급이 줄어들어 그는 결국 기절하고 말았다. 다행히 추락 직전에 그가 순간적으로 정신을 차리고 헬기를 위로 끌어올려서 마지막 충격을 조금이라도 줄일 수 있었다. 조종사의 비행 중 흡연은 법으로 금지되어 있지는 않지만, 항공사마다 대부분 금지 규정을 두고 있다. 결국 제이슨은 부상에서 회복된 후에 일자리도 잃고 거액의 보상을 해야 할 처지에 놓이고 말았다.

명설이 이메일을 다 읽고 나니 명안이 곧바로 손뼉을 치며 말했다.

"엄마 아빠가 맨날 누나와 나더러 어린 탐정이라 불렀는데, 이번에는 아빠가 제일 먼저 상황을 판단해서 사건 해결에 도움을 줬네요. 우리 집에 탐정이 한 명 더 생겼어요."

사건 너머의 과학

인체의 혈액 속 산소는 헤모글로빈에 의해 운반되며, 산소와 헤모글로빈이 결합한 후를 산소헤모글로빈이라고 부른다. 헨리의 법칙에 따르면, 기체의 물속 용해도는 그 기체의 부분압력과 정비례한다. 그래서 고도 5,500미터까지 비행을 하면 공기 중의 기체가 절반 이하로 줄어들고 혈액 속 산소헤모글로빈의 농도가 평소의 절반 이하로 떨어진다. 그렇기 때문에 고공비행을 하면 산소 부족 현상이 나타난다.

사람이 산소가 부족하면 비정상적으로 행복감을 느끼고, 심하면 혼수상태에 빠진다. 그러므로 고공비행을 하는 비행기는 내부의 압력을 높여야 하며 긴급한 상황에서는 산소마스크를 제공해야 한다.

만약 비행 전이나 비행 중에 담배를 피운다면 담배가 연소할 때 일산화탄소가 방출된다. 일산화탄소는 헤모글로빈과 결합하는 능력이 산소보다 200~300배 높으며 헤모글로빈이 산소를 운반할 수 없어 고공비행을 하는 사람에게는 치명적으로 위험하다.

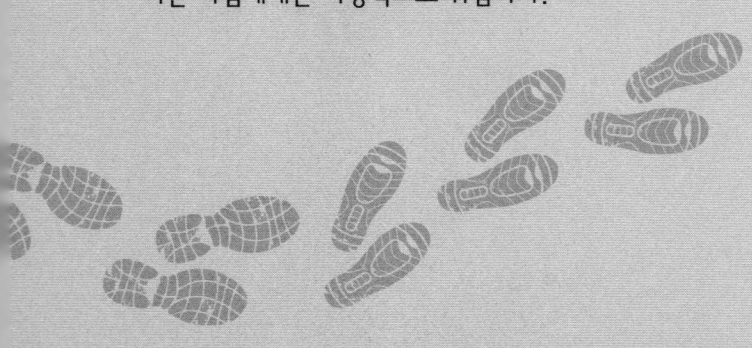

'탈륨'은
조용한 살인마?

일요일 아침, 늦잠을 조금 자고 싶었던 엄마가 아침밥을 하러 일어나지 않자 아빠는 명설과 명안을 데리고 길 건너에 있는 '웨허식당'에 가서 밥을 먹기로 했다. 그곳은 아침 식사를 위주로 영업하는 식당으로, 손님들이 식사를 기다리는 동안 지루하지 않게 책과 신문을 볼 수 있는 곳이었다. 가끔씩 주인 부부의 막내딸 이정이 식당에 나와 놀기도 했다. 이정은 두 살배기에 한창 말을 배우는 중이라 무척 귀여웠다.

아침 식사가 만들어지기를 기다리는 동안 아빠는 테이블 위에 놓인 조간신문을 읽었다. 명설과 명안은 책꽂이로 가서 읽을 만한 책을 찾아보았다.

명안은 만화 《소년탐정 김전일》을 꺼내 들고 자리로 돌아와 읽었다. 명설은 책꽂이를 눈으로 훑어보다가 한쪽 구석에 쌓여 있는 소설 몇 권을 발견했다. 그중 한 권의 책 표지 왼쪽에 추리의 여왕 애거사 크리스티의 사진이 있었다. 명설은 사진을 보자마자 그 책을 집어 들었다. 책 제목은 《창백한 말》이었다. 명설은 표지를 넘기고 저자 프로필을 살펴보았다.

"정말로 애거사 크리스티가 쓴 책이네. 애거사 책 중에 내가 아직 못 본 게 있다니!"

그때 명설 가족의 아침 식사가 나왔다. 아빠는 신문을 내려놓으며 명설을 불렀다. 명설은 책을 가지고 자리로 돌아와 재미있게 읽으면서 오믈렛을 먹었다. 한참이 지난 뒤, 신문을 다 읽은 아빠는 오믈렛과 홍차까지 다 먹고도 손에서 책을 놓지 않고 있는 명설과 명안을 쳐다보았다. 아이 둘 다 탐정 이야기에 푹 빠져 있었다. 아빠가 웃으며 말했다.

"어린 두 탐정님, 배불리 먹었나요? 집에 갈 시간이야! 사건이 해결되는 것까지 보고 가려면 점심도 여기서 먹어야 할 텐데."

그 말에 명안은 들고 있던 만화책을 곧바로 내려놓았다. 예전에 봤던 책이라 끝까지 보지 않아도 괜찮기 때문이었다. 하지만 명설은 여전히 책에서 눈을 떼지 못하고 고개를 내저었다.

"안 돼요, 아빠. 이건 제가 못 읽어본 책이라고요."

아빠는 저자의 이름을 곁눈질로 보고는 고개를 들고 말했다.

"명설아, 애거사 크리스티가 쓴 추리 소설은 단편집을 빼고도 60권이 훌쩍 넘어. 어떻게 그 많은 책을 다 읽을 수 있겠니?"

"끝까지 읽고 싶단 말이에요."

"너희 다음 주에 시험 있지 않니? 집에 가서 공부해야지. 그 책은 너무 두꺼워. 한꺼번에 다 읽는 건 무리야."

그때 마침 식당 주인아저씨가 옆 테이블로 음식을 가져다주며 말했다.

"아빠 말이 맞아! 그 책은 계속 저 책꽂이에 있을 거야. 어디 도망 안 간단다. 시험 끝내고 다시 아침밥 먹으러 와서 계속 읽으면 되잖아."

명설은 가게 앞에 손님들이 기다리고 있는 것을 보았다. 자리를 너무 오래 차지하고 있는 것이 미안했던 명설은 하는 수 없이 책을 책꽂이에 갖다 놓고 아빠와 함께 밖으로 나갔다. 이정이 식당 입구 앞의 낮은 의자에 앉아서 손을 흔들며 말했다.

"언니 안녕, 오빠 안녕!"

그리고 며칠 뒤, 목요일과 금요일 이틀간에 걸친 중간고사가 마침내 끝이 났다. 금요일 저녁에 명설은 특별히 엄마에게 말했다.

"엄마, 내일 아침 식사는 따로 준비할 필요 없어요. 웨허식당

에 가서 먹을 거거든요. 지난번에 다 못 읽고 온 애거사 크리스
티의 책이 있어요."

엄마는 피식 웃었다.

"남들은 아침을 먹으러 간 김에 신문이나 책을 보는데, 너는
오로지 책을 보려고 식당에 가는구나. 아마 너 같은 손님은 없
을 거야."

명설이 말했다.

"절반만 봐서 결말을 모르니까 너무 답답하단 말이에요!"

다음 날 아침, 명설 가족은 웨허식당으로 총출동했다. 엄마
아빠는 식사를 하면서 신문을 보았고, 명안은 또 다른《소년탐
정 김전일》만화책을 꺼내 들었으며, 명설은 당연히《창백한
말》을 계속해서 읽었다. 이번에는 엄마 아빠도 명설을 재촉하지
않았다. 그래서 아침 식사를 마친 뒤에 동생 명안을 데리고 먼
저 집으로 가면서 명설은 천천히 책을 다 읽고 오라고 그냥 내
버려 두었다.

그런데 8시쯤에 명설이 마지막 장을 읽으려고 할 때, 큰 쥐
한 마리가 갑자기 냉장고 밑에서 쪼르르 나와 식당 밖으로 나가
는 것이 보였다. 명설은 가게 안에 있던 다른 손님들을 쳐다보
았다. 아무도 그 장면을 본 사람이 없었다. 더 이상 식당에 머물
고 싶지 않았던 명설은 카운터로 가서 나지막이 식당 주인아주

머니에게 말했다.

"아주머니, 여기 쥐가 있어요!"

그러자 주인아주머니가 얼굴을 붉히며 말했다.

"우리도 알아. 안 그래도 다음 주 월요일부터 일주일간 식당 문을 닫고 쥐 박멸 작업을 하려고 했는데 이렇게 들켜버렸구나. 정말 부끄럽고 미안하다."

옆에 있던 주인아저씨도 한숨을 쉬며 말했다.

"후유, 어쩔 수 없어. 식당을 하다 보면 음식 찌꺼기들이 생기니까. 내 추측에는 저기 바깥 하수구에서 쥐가 들어온 것 같아. 이참에 쥐도 잡고 쥐가 숨어들 만한 틈도 아예 없애서 쥐 피해를 말끔히 해결할 생각이야."

명설은 고개를 끄덕인 뒤 식당을 나섰다. 명설이 집으로 돌아오자 엄마가 물었다.

"소설은 다 봤니?"

명설은 고개를 내저었다.

"아니요. 식당 냉장고 밑에서 커다란 쥐 한 마리가 튀어나오는 것을 보고는 놀라서 급히 나왔어요."

그러면서 명설은 다음 주에 웨허식당이 새롭게 리모델링 공사를 한다는 이야기도 짧게 전했다. 아빠는 고개를 끄덕이며 말했다.

"그렇게 적극적으로 위생 환경을 개선한다니까 새 단장이 끝난 후에 잘 살펴봐야겠구나. 만약 상황이 크게 달라지지 않는다면 다시는 그 식당에 가지 말아야겠어."

그 후 일주일 내내 웨허식당은 '내부 수리 중, 이번 주 토요일에 영업 재개합니다'라는 안내문을 문에 붙여 놓은 채 임시로 문을 닫았다.

토요일이 되자 명설은 《창백한 말》의 마지막 장을 다 보지 못한 게 마음에 두고두고 걸려서 다시 웨허식당으로 갔다. 이정이 식당 입구에서 명설을 보자마자 반갑게 외쳤다.

"언… 니…."

명설은 이정이 오늘따라 말하는 게 조금 어눌하고 이상하다고 느꼈다. 그런데 그때 이정이 몇 발짝 내딛다가 그만 바닥에 넘어졌다. 명설은 얼른 이정을 일으켜 세웠다.

"천천히 걸어야 안 넘어져."

계란 프라이를 하던 주인아주머니가 그 상황을 보고는 말했다.

"이정이 요새 자꾸 넘어지네. 조심하지 않고."

명설은 식당 안으로 들어갔다. 식당 내부는 완전히 달라져 있었다. 벽은 새로 칠했고 수납장들도 모두 새것이었으며 냉장고 유리문 안에는 식재료가 깔끔하게 놓여 있었다.

명설은 그곳에서 마침내 《창백한 말》을 다 읽었다. 이번에는 식당에 오래 머무르지 않고 밥값을 지불한 후 곧바로 식당 문을 나섰다. 그러다가 갑자기 땅바닥에 쓰러져 끊임없이 경련을 일으키는 이정을 보았다. 명설은 급히 달려가 이정을 안았다. 이정은 온몸이 뻣뻣하게 굳어 있었고 얼굴은 창백했으며 입술은 새파랗게 질려 있었다. 이정의 이마를 만져보니 열도 있었다. 명설이 다급하게 소리쳤다.

"아주머니, 빨리 와보세요!"

반찬을 나르고 있던 주인아저씨가 쟁반을 내려놓고 쏜살같이 달려와서는 당황해서 소리쳤다.

"이게 어떻게 된 일이지?"

식당 안 손님들도 달려와 보더니 모두 수군거리면서 어찌할 바를 몰라 했다. 명설은 휴대전화를 꺼내며 물었다.

"구급차를 부를까요?"

주인아주머니가 말했다.

"택시를 불러서 병원에 가는 게 빠를 것 같아!"

그러자 마침 식사를 하던 손님 중 한 사람이 말했다.

"제가 택시 기사예요. 제 택시가 길가에 주차되어 있으니 바로 병원까지 태워드릴게요!"

주인아저씨는 이정을 안고 택시에 올라 곧바로 병원으로 향했다.

다음 날 오후, 명설은 친구들과의 약속 때문에 웨허식당 앞에서 버스를 기다리다가 식당 주인아저씨와 마주쳤다. 그는 명설을 보자마자 말을 건넸다.

"어제는 정말 고마웠어!"

"당연히 그렇게 해야죠. 이정은 좀 좋아졌나요?"

주인아저씨는 고개를 내저으며 말했다.

"아직 아니야. 병원에 입원했어. 나랑 아내가 어쩔 수 없이 병원에서 번갈아 가며 딸을 돌보고 있단다. 지금은 아내가 병원에 있는데 교대해 주러 가는 길이야. 아내가 낮잠을 좀 자야 하거든. 식당도 당분간 영업을 할 수 없게 되었단다."

명설은 아저씨를 위로했다.

"이정을 잘 보살피는 게 더 중요하잖아요! 식당은 며칠 지나서 영업을 재개해도 저 같은 단골손님들이 갈 테니 너무 걱정하지 마시고요! 나중에 시간 되면 이정을 보러 갈게요."

명설은 이정의 병실 호수를 물었고, 주인아저씨는 연신 고맙다고 말했다. 그때 버스가 와서 두 사람은 함께 버스에 탔다. 병원 정류장에 도착하자 주인아저씨는 버스에서 내렸고, 명설은 친구들과 만나기로 약속했던 아웃렛으로 갔다.

저녁 먹을 시간이 되자 명설과 친구들은 식당에 들어가 한 테이블에 빙 둘러앉았다. 식사가 나오길 기다리는 동안, 그들은 시험 문제에서부터 오늘 본 최신 패션 스타일에 이르기까지 다양한 주제로 이야기를 나누었다.

테이블에 앉은 채로 밖을 내다보던 명설의 눈에 마침 근처에 있는 가족 놀이터가 보였다. 식당 유리를 사이에 두고 보이는 그곳에서 많은 아이가 놀이 기구 위로 기어오르거나 볼풀에서 뒹굴고 있었다. 아이들은 저마다 동작이 민첩하고 행동이 자유로웠다. 명설은 어제 아침에 봤던 이정의 둔한 걸음걸이와 갑작스러운 경련이 저도 모르게 생각났다. 명설은 왠지 불안한 느낌이 들었다….

집으로 돌아가는 버스에서 명설은 몇 정류장 앞인 병원 정류장에서 내렸다. 명설이 병실로 들어갔을 때, 이정은 자고 있었다. 주인아주머니는 옆에서 이정을 보고 있다가 명설이 들어오는 것을 보고는 딸을 깨웠다.

"일어나, 이정! 언니가 널 보러 왔어."

이정은 눈을 뜨고 명설 한번 쳐다보더니 다시 잠이 들었다.

"자게 내버려 두세요. 아픈 사람은 푹 쉬어야 해요."

"하지만 이정은 온종일 잠만 잤는걸."

"의사 선생님은 이정이 무슨 병이라고 하던가요?"

"뇌염일 수도 있다는데 아직 확실하지는 않대."

명설은 이정에게 다가가 아이의 피부를 자세히 관찰했다. 피부가 몇 군데 부어오르고 색소가 침착되는 현상이 있었다. 그때 마침 레지던트 의사가 회진을 왔기에 명설이 용기를 내어 물었다.

"실례지만 의사 선생님, 혹시 이 환자 탈륨 중독일 가능성은 없나요?"

명설은 주제넘게 이런 말을 한다고 의사가 혼을 낼지도 모른다고 생각했다. 그런데 뜻밖에도 의사는 한동안 조용히 생각에 잠겨 있다가 이렇게 말했다.

"탈륨 중독? 최근에 새로 문을 연 병원에서 이와 비슷한 사례가 있었어요. 환자가 분명히 운동 실조(신체운동의 시작이나 정지가 원활하게 이루어지지 않고 운동이 불안하게 동요하는 상태—옮긴이) 증세를 보였죠. 잠깐만 기다리세요. 제가 주치의에게 보고할게요."

10분 뒤에 주치의가 도착했다. 그는 제일 먼저 이정의 머리카락을 가볍게 잡아당겼다. 뜻밖에도 이정의 머리카락이 한 뭉텅이나 빠졌다. 주치의 옆에 서 있던 레지던트가 깜짝 놀라 말했다.

"머리카락이 빠지네요? 이건 탈륨 중독의 주요 증상인데요."

이어서 주치의는 이정의 손가락을 자세히 들여다보았다.

"미즈선은 아직 없군. 중독된 지 얼마 안 됐을 수 있어."

미즈선은 손톱이나 발톱에 생기는 하얀 가로줄 무늬를 가리키며, 대개 비소나 탈륨, 기타 중금속 중독으로 발생한다. 명설의 친구인 운혜가 비소 중독으로 손톱에 미즈선이 생긴 적이 있어서 명설은 잘 알고 있었다.

주치의는 뒤돌아보며 명설에게 말했다.

"머리카락이 빠지는 것이나 미즈선과 같은 증상은 처음 이정이 입원했을 때는 나타나지 않았기 때문에 우리가 생각을 못했어요. 그런데 학생이 이렇게 일깨워줘서 다행이네요. 지금 이 환자는 머리카락을 조금 잡아당겨야 빠져요. 만약 병명을 몰라 제대로 된 치료를 받지 못한다면 며칠 뒤에야 머리카락이 빠진다는 걸 발견했겠죠. 학생, 학생은 어떻게 이 환자가 탈륨 중독인 줄 알아차렸죠?"

"《창백한 말》이란 소설에서 봤어요. 소설에서 살인 집단이 탈륨을 독으로 사용했는데, 피해자의 증상이 이정과 매우 유사하거든요. 그 책은 이정네 식당에 있었어요! 정말 공교롭지 않나요?"

주치의는 웃으면서 말했다.

"애거사 크리스티의 소설을 읽고 탈륨 중독을 정확히 진단한 사람은 학생이 처음이 아니에요. 지난 세기 한 영국 간호사도 환자를 돌보면서 그 소설을 읽었는데, 그 덕분에 환자가 탈륨 중독일 수 있다는 사실을 알아차리고는 의사에게 알렸죠."

주인아주머니는 긴장해서 물었다.

"탈륨이 뭐죠? 왜 이정이 탈륨에 중독된 거죠?"

주치의는 일단 레지던트에게 다음과 같이 지시했다.

"지금 당장 환자의 소변을 받아서 검사하게. 동시에 샘플 한 부를 경찰에게도 보내고 말이야. 만약 탈륨 중독이 맞다면 경찰이 독극물 출처를 조사해야 하니까."

명설이 말했다.

"제가 경찰 감식 전문가를 알고 있어요. 그분께 검사를 의뢰하면 독극물 출처를 더 빨리 찾을 수 있을 거예요."

주치의가 동의하자 명설은 얼른 지안에게 연락했다. 지안도 명설의 이야기를 듣고 탈륨 중독일 것으로 생각하며 이정의 소변을 검사하기로 했다. 동시에 웨허식당에도 찾아가서 조사해 보기로 했다.

월요일에 명설은 수업을 마치고 곧바로 경찰서로 찾아가 지안을 만났다. 이정의 검사 결과를 물어보기 위해서였다. 지안이 자세히 설명하기 시작했다.

"검사 결과, 이정 소변의 탈륨 함량이 리터당 3.7마이크로그램에 달했어. 그건 최대 허용치의 10배나 되는 수치야. 내가 식당에 가서 살펴봤는데, 식당 주인이 사용한 쥐약에 탈륨 아세테이트가 들어 있었어. 어린아이가 아무것도 모르고 쥐약이 묻은 물건을 만졌을 수 있어. 그 독극물은 물에 녹고 피부를 통해 직접 체내로 침투하니까 그때 중독됐을 거야. 악의적인 가해자가 없어서 우리 경찰은 그 사건을 그대로 종결지었단다. 이제 치료는 의사의 몫이야.”

명설은 다행스럽게 생각했다.

“진짜 원인을 알았으니까 현대 의학 기술로 이정도 곧 낫겠죠?”

지안이 명설에게 엄지손가락을 세워 보이며 말했다.

“그럼. 이게 다 네 덕분이야. 너의 예리한 관찰력으로 병의 진짜 원인을 빠르게 찾아낼 수 있었어.”

명설은 머리를 긁적이며 말했다.

“추리의 여왕 애거사 크리스티가 탈륨 중독 증상을 정확하게 묘사한 덕분이죠.”

“넌 신세대 추리 여왕인 것 같구나!”

명설은 환하게 웃었다. 시험에서 만점을 받은 것보다 더 기뻤다.

사건 너머의 과학

탈륨과 탈륨을 함유한 화합물은 모두 독성이 매우 강한 발암물질이다. 그래서 피부에 닿거나 호흡 기관을 통해 체내로 들어가면 신체에 중대한 손상을 줄 수 있다. 본문에 나오는 탈륨 아세테이트는 물에 용해되고 피부에 쉽게 흡수된다.

과학자들은 탈륨 이온(Tl^+)과 칼륨 이온(K^+) 매우 유사하며, 그래서 독성이 있는 것으로 보고 있다. 이들 이온을 포함하는 염(salt)류는 모두 물에 녹는다. 탈륨의 이온반지름(이온을 둥근 구슬 모양으로 생각했을 때의 반지름—옮긴이)은 1.49옹스트롬^Å(옹스트롬은 10의 마이너스 10승 미터)이며, 칼륨의 이온반지름은 1.33옹스트롬^{Å}으로 비슷하다. 다시 말해 탈륨 이온은 체내 칼륨 이온의 위치를 대체할 수 있으며, 그로 인해 칼륨 이온 원래의 생리적 기능을 방해할 수 있다.

탈륨 중독을 치료하는 방법은 매우 많은데, 그중 '수용성' 프루시안블루(화학식은 $Fe_4[Fe(CN)_6]_3$)와 염화칼륨을 입으로 투여할 수 있다. 이들 약제 속 칼륨 이온이 체내의 탈륨 이온을 대체하게 되는데, 배출된 탈륨 이온을 프루시안블루가 흡착하여 몸에 재흡수되는 것을 막고 대변으로 배출한다.

수영장 약품으로 해결한
보험 횡령 사건

오늘 아빠는 오랫동안 만나지 못했던 사촌 누님(명설과 명안이 고 모라 부르는 인물)을 만났다. 고모는 은퇴한 초등학교 선생님이다. 마지막으로 사촌 누님을 봤을 때 아빠는 아직 초등학교에 다니 고 있었다.

"난 어렸을 때 그 누님을 매우 존경했어! 얼굴도 예쁘고 기품 있고 공부도 잘했거든. 옛날엔 사범대학에 합격하기가 정말 쉽 지 않았어."

그러자 엄마가 물었다.

"그런데 왜 그동안 연락도 안 하고 지냈어요?"

"누님은 시집가고 누님 부모님은 돌아가시다 보니 두 집안이 특별히 만날 기회가 없었던 거지. 그런데 이번에 누님이 다른 친척들에게 내 연락처를 물어보셨대. 나를 보고 싶으셨나 봐. 물론 우리 가족도 궁금해 하셨어. 그래서 가족 모두 오라고 특별히 당부하셨지."

"어느 식당이라고 했죠?"

엄마가 들뜬 목소리로 물었다.

"사촌 누님은 은퇴 후에 고급 실버타운에 살고 있는데 그 안에 부설 식당이 있대. 누님이 그 식당에 예약해 두셨대."

그날 명설 가족은 도시철도와 택시를 번갈아 타며 실버타운으로 갔다. 택시에서 내릴 때 명안은 실버타운의 웅장한 입구와 넓은 정원을 보고 저도 모르게 "와!" 하고 탄성을 질렀다.

고모는 입구에 미리 나와 있다가 명설 가족을 맞이했다. 아빠가 가족을 한 명 한 명 소개하고 나자, 고모가 말했다.

"지금은 밥 먹기엔 이른 시간이니까 실버타운을 한 바퀴 돌면서 구경시켜 줄게. 실버타운 안에는 식당, 수영장, 수치요법탕, 스쿼시 코트, 배드민턴장, 그리고 도서실이 있어. 모든 생활 시설이 갖춰져 있어서 실버족들이 거주하기에 딱 좋지. 난 은퇴 후에 이곳에 살면서 몇 달 동안 밖을 나가지 않은 적도 있단다."

고모는 우선 명설 가족을 수영장으로 데리고 갔다. 그곳은 표준 경기용 수영장으로 길이가 50미터, 너비가 21미터나 되었다.

마침 누군가 물살을 가르며 빠르게 지나갔다. 물보라가 사방으로 튀었고 무척 활력이 넘쳐 보였다.

"와! 이렇게 멋진 수영장은 입장료도 비싸겠죠?"

명안이 물었다.

"실버타운 거주자라면 언제든지 무료로 수영할 수 있어. 돈은 필요 없단다."

고모가 미소를 띠며 대답했다.

"그럼 누님은 수영을 자주 하러 오시겠군요?"

아빠의 질문에 고모가 고개를 내저으며 말했다.

"아니. 무슨 이유 때문인지는 모르겠는데 이곳 수질이 내 체질과 맞지 않는 것 같아. 매번 수영을 하고 나면 피부가 너무 가려워서 더 이상 수영을 할 수 없더라고. 운동 방법은 다양하니까 굳이 수영할 필요는 없다고 생각해서, 요즘은 매일 정원을 산책하고 있어."

"그래요? 예전에 다른 곳에서 수영했을 때는 괜찮았는데 여기 오고부터는 수영하면 피부가 가렵다는 건가요?"

아빠가 호기심에 물었다.

"맞아. 전에 살던 곳에서는 아침마다 수영을 했지. 그땐 매일 수영해도 피부가 괜찮았는데 여기로 이사 오니까 알레르기가 생기더라고."

"누님이나 누님 가족 중에 아토피 피부염을 앓았던 사람은 없나요?"

"없는데? 그런 이야기는 못 들어봤어. 그게 무슨 병이니?"

"일종의 유전적 알레르기 체질이에요. 혹시 알레르기 병력은 있나요?"

고모는 잠시 생각해 보더니 말했다.

"어렸을 땐 침 알레르기가 있었어."

"흥미롭군요."

아빠는 혼잣말을 했다.

"뭐가 흥미롭다는 거니?"

고모는 아빠의 말뜻을 알 수 없어 곤혹스러워했다. 엄마는 짜증나는 모기를 내쫓듯 손을 내저으며 말했다.

"신경 쓰지 마세요. 저 사람 분명 이곳 수질의 어떤 성분이 고모님의 피부를 가렵게 만드는지 생각하고 있을 거예요."

아빠가 웃으면서 말했다.

"맞아. 당신은 정말 나를 잘 아는군."

고모는 엄마의 말을 듣고는 더 이상 그 문제에 대해 신경 쓰지 않기로 했다.

"그러면 이제 수치요법탕을 구경할까?"

"근데 수치요법이 뭐야?"

명안이 조용히 명설에게 물었다. 명설은 고개를 내저었다.

"나도 잘 몰라."

고모가 안내한 수치요법탕은 마치 어린이용 풀장처럼 생겼는데, 물이 얕아서 어른 허리까지만 왔고 꽃잎 모양의 탕은 크기도 작았다. 명안은 수치요법탕에 왔는데도 수치요법이 무엇인지 알 길이 없자 결국 궁금증을 참지 못하고 물었다.

"고모, 수치요법이 뭐예요? 제가 보기엔 그냥 작은 풀장뿐이고 특별한 것도 없는데!"

"그건 전문가에게 물어보는 것이 좋겠구나."

고모는 탕 한가운데 있는 강사를 향해 손을 흔들었다.

"강사님, 실례지만 이리 좀 와주세요. 이 아이가 물어볼 게 있대요."

강사는 탕에서 나와 수건을 집어 들고 몸을 닦으며 그들에게 다가왔다. 탕에서 수업을 듣던 노인들은 분분히 흩어졌다. 강사가 가까이 다가오자 고모가 강사를 소개했다.

"이분은 채새덕 강사님이고 물리치료사 자격증을 가지고 있어. 수치요법과 관련된 모든 궁금증은 이분께 물어보면 돼."

채 강사가 친절한 말투로 설명을 시작했다.

"수치요법은 매우 광범위한 개념이에요. 물을 이용해서 환자의 통증을 줄여주거나 치료해 주는 것이라면 모두 수치요법으로 간주하죠. 방금 진행한 수업에서는 수강생들이 뜨거운 물에 손발을 담갔어요. 그분들은 모두 나이가 많아요. 뜨거운 물에 손발을 담그면 혈액 순환을 촉진할 수 있거든요. 그와 동시에 그분들과 함께 간단한 운동도 해요. 그러면 재미도 있고 근육도 풀 수 있답니다."

강사는 그렇게 말하면서 자신의 다리를 긁적였다. 명안은 강사의 두 손과 다리의 피부가 불그스름한 것을 발견했다. 그중에서도 손목과 무릎이 제일 붉었고, 심지어 피부가 약간 벗겨진 곳도 있었다.

강사의 확실한 설명 덕분에 명안은 더 이상 질문할 것이 없었다. 모두 강사에게 고맙다고 인사한 후 그곳을 떠났다. 아빠가 고모에게 물었다.

"누님은 저 수치요법 수업도 받지 않으셨을 것 같은데, 맞죠?"

"수치요법 수업은 별도로 돈을 내야 받을 수 있어. 매주 세 차례, 매번 세 시간씩 수업을 하지. 사실 나도 한번 받았었는데 수영장에서와 똑같은 알레르기 현상이 나타나서 그만뒀어."

이어서 고모는 시계를 보며 말했다.

"이제 식당으로 가도 되겠구나."

고모가 예약한 식당은 실버타운 안에 있는 부설 식당이었지만, 룸도 따로 있고 음식도 맛있었다. 식사 자리에는 고모의 딸과 사위, 그리고 외손녀도 나와 주었다. 모두 처음 만났지만, 어쨌든 친척이고 피는 물보다 진해서인지 금방 친해져서 잘 어울렸다.

헤어질 때 아빠가 고모에게 말했다.

"누님, 다른 수영장에서 수영했을 때는 괜찮았다가 이곳 수영장과 수치요법탕에서는 알레르기가 생겼다고 하시니, 제 생각에는 이곳 물에 특별한 살생물제가 첨가되어 그런 것 같아요."

"살생물제? 그게 뭐야? 무시무시한 말처럼 들리는구나!"

"수영장이나 수치요법탕은 1년 내내 습하고 세균이 잘 생겨요. 게다가 많은 사람이 같은 탕에 몸을 담그니까 만일 그중 누군가에게 전염병이라도 있으면 그게 다른 사람에게 옮지 않겠어요? 그래서 시설 관리자들은 탕 속 세균이나 조류(수중에 생육하는 부유 식물의 총칭—옮긴이)를 죽이기 위해서 물에 몇 가지 약품을 넣어요. 그걸 살생물제라고 부르죠. 살생물제로 쓸 수 있는 약품은 다양한데, 일반 수영장에서는 표백제를 쓸 거예요."

고모는 고개를 끄덕이며 말했다.

"어쩐지 수영장 물에서 표백제 냄새가 많이 나더라."

"다른 수영장에서 수영할 때 괜찮았다는 건 표백제가 누님 피부에 별로 영향을 주지 않는다는 뜻이에요. 방금 수영장과 수치요법탕에서도 표백제 냄새를 맡았지만, 여긴 살생물제로 단순히 표백제만 쓰는 건 아닌 것 같아요. 표백제만 썼다면 피부가 가려울 리 없죠."

고모의 가려움증에 대한 아빠의 분석은 이쯤에서 끝났다. 명설 가족이 집으로 돌아가야 할 시간이었다. 오는 정이 있으면 가는 정이 있다고 했던가? 고모의 정성스러운 대접을 받은 아빠는 고모 가족들을 보름 뒤에 집으로 초대했고, 고모는 흔쾌히 허락했다.

그 후 찾아온 금요일, 명안은 학교 야외 수업을 나갔다. 장소는 스먼 댐이었다. 선생님은 학생들을 스먼 대교로 데리고 가서 댐의 경치를 감상하게 했다. 그때 한 학생이 어떤 높은 전망대를 가리키며 선생님에게 물었다.

"선생님, 저 위로 올라가면 안 돼요? 저곳이 제일 높아서 더 멀리 볼 수 있을 거예요."

명안은 전망대 아래에 있는 대리석을 보았다. '쑹타이'라는 글자가 새겨져 있었는데, 그 전망대의 이름 같았다.

"올라가도 좋아. 다만 집합 시간에 맞춰 반드시 버스로 돌아와야 한다."

선생님의 말을 들은 많은 학생이 쑹타이 전망대로 올라갔다. 그곳 계단은 폭이 좁고 계단 수도 많아서 걸어 올라가기 힘들었다. 하지만 전망대 위에서 댐의 전경을 훤히 내려다보는 순간,

그렇게 고생해서 올라갈 가치가 있었다는 생각이 들었다.

집합 시간이 가까워져 오자, 전망대에 올라간 아이들은 하나둘씩 아래로 내려가기 시작했다. 좁고 가파른 계단은 올라올 때도 힘들었지만 내려갈 때는 더더욱 힘들었다. 그런 상황에서 임대현이란 학생이 실수로 계단에서 미끄러졌고, 몇 바퀴를 구르다가 모퉁이 벽에 부딪힌 뒤에야 멈추는 사고가 발생하고 말았다. 모두 부랴부랴 달려가 임대현을 살펴보았다. 그는 이미 정신을 잃은 뒤여서 아무리 불러도 깨어나지 않았다.

명안은 다급히 휴대전화로 선생님에게 이 사실을 알렸다. 선생님은 순식간에 계단으로 올라와 대현을 업고 다시 아래로 내려갔다. 그리고 버스 운전기사에게 즉시 인근 병원으로 가자고 부탁했다. 병원에 도착한 선생님이 대현을 안고 응급실로 뛰어들어간 뒤, 버스 기사는 나머지 학생들을 학교로 데려다주었다.

명안이 집으로 돌아왔을 때, 사립 탐정 위백이 거실에 앉아 아빠와 이야기를 나누고 있었다. 명안은 아빠에게 친구의 사고 소식을 전했다. 그때 선생님이 학급 단톡방에 글을 올렸다.

"대현은 깨어났어. 하지만 입원해서 경과를 좀 더 지켜봐야 한대."

그제야 마음이 놓인 명안은 아빠에게 말했다.

"내일 친구 병문안을 가고 싶어요."

병원 이름을 들은 아빠는 인상을 쓰며 말했다.

"병원이 여기서 상당히 멀구나!"

그러자 위백이 말했다.

"제가 명안을 태워다 줄게요. 마침 내일 업무 때문에 그 병원하고 가까운 지역에 출장을 가거든요."

"그러면 일에 방해가 되잖아. 그럴 수야 없지!"

"아니에요. 통상적인 문서 업무만 보면 돼서 시간이 오래 걸리지 않아요."

다음 날, 위백은 약속대로 명안을 태우러 왔다. 위백은 우선 출장 갈 지역으로 가서 업무부터 신속히 처리한 뒤, 명안을 친구가 입원한 병원까지 데려다주었다.

병원에 도착한 명안은 선생님이 알려준 병실 호수 덕분에 금방 대현을 찾았다. 대현의 안색은 창백했지만, 다행히 정신은 멀쩡해 보였다. 대현의 엄마는 의사가 한 말을 전해주었다.

"손과 발에 타박상은 입었지만 머리를 다치지는 않았어. 하지만 뇌진탕이 올지도 몰라서 며칠 지켜봐야 한대."

명안은 얼마간 대현과 대화를 나눈 뒤 집으로 돌아가기 위해 자리에서 일어섰다. 명안이 작별 인사를 하려고 할 때 의료진이 옆 침대에 입원할 환자 한 사람을 데려왔다. 그 환자는 이동식 침대에 누워 두 눈을 꼭 감고 잠들어 있었다. 명안은 왠지 그 사람이 낯이 익었다. 그러다가 문득 누군지 생각났다.

'저 사람 수치요법탕에 있던 채새덕 강사님 아냐?'

환자 옆에는 가족이 없었고 웬 뚱뚱한 아주머니가 간호 조끼를 입고 그를 돌보고 있었다. 아주머니가 고개를 숙이고 바쁘게 움직이는 사이, 명안은 벽에 걸려 있는 환자의 이름표를 슬쩍 보았다. 명안의 추측대로 채새덕이 맞았다. 도대체 어디서 저렇게 다친 건지, 왜 외과 병동으로 왔는지 궁금하기만 했다. 그때 명안은 환자의 얼굴과 손발이 완전 멀쩡하고 상처 하나 없다는 사실을 깨달았다. 다만 환자의 오른쪽 어깨가 거즈로 감싸져 있었고, 그 위로 핏자국이 조금 배어 있었다. 환자의 이름표에는 병명도 적혀 있었는데, 영어라서 무슨 뜻인지 알 길이 없었다. 명안은 휴대전화 카메라로 이름표를 몰래 찍어 두었다.

병원을 나온 명안은 다시 위백의 차를 타고 집으로 향했다. 명안은 가는 내내 차 안에서 아무 말도 하지 않고 인상을 잔뜩 쓴 채 휴대전화만 만지작거렸다. 아침에 병원으로 갈 때 쉴 새 없이 재잘거리던 명안과는 사뭇 달랐다. 명안의 그런 모습을 지켜보던 위백은 결국 참지 못하고 명안에게 물었다.

"왜 그래, 명안? 마음이 영 편치 않은 모양이구나. 네 친구는 괜찮을 테니 너무 걱정하지 마."

그러자 명안은 휴대전화를 내려놓고 한숨을 내쉬며 말했다.

"대현이 걱정되어서 그러는 거 아니에요. 옆 병상에 한 환자가 입원했는데 대체 누구인지 생각하는 중이에요."

"뭐? 그 환자, 너도 아는 사람이니? 나도 네가 휴대전화로 그 사람 이름표 찍는 걸 유심히 보긴 했어."

"제가 그 사람을 아는지 모르는지 잘 모르겠어요. 그러니까 그 사람이 내가 아는 그 사람이 맞는지 모르겠다는 거예요."

조금은 황당한 명안의 말을 듣자, 탐정인 위백은 호기심이 발동했다.

"그게 무슨 말인지 얼른 말해 봐."

명안은 지난 주말에 온 가족이 고모가 계시는 실버타운에 갔던 일을 이야기했다.

"그래서 방금 그 환자가 그곳에서 본 강사 같단 말이니?"

"얼굴도 맞고 이름도 맞아요."

명안은 근심 어린 표정으로 말을 이었다.

"근데… 그 사람은 절대로 수치요법탕에서 본 그 강사가 아니에요."

"얼굴도 맞고 이름도 맞는데 같은 사람이 아니라고?"

명안은 조수석의 의자에서 허리를 꼿꼿이 세우고 자신의 추리를 말하기 시작했다. "수치요법탕의 채 강사는 손과 다리가 불그스름했고, 손목과 무릎은 특히 심해서 피부가 벗겨진 곳도 있었어요. 게다가 말을 하면서 계속 다리를 긁었어요. 반면에 얼굴은 아주 매끈했어요. 울긋불긋하지도 않고요. 그러니까 모든 걸 종합해 보면 채 강사도 우리 고모처럼 수치요법탕 때문에 알레르기가 생겼다는 걸 알 수 있죠. 탕이 깊지 않아서 물에 잠긴 부분만 자극을 받아 붉고 가려울 뿐 얼굴은 멀쩡했다는 거죠. 우리 고모는 알레르기 때문에 수영과 수치요법을 그만둘 수 있었지만, 채 코치는 그게 직업이라 그만두지도 못하고 그저 참았을 거예요."

위백은 그제야 명안의 말이 무슨 뜻인지 알 것 같았다.

"그렇다면 방금 본 그 환자는 손과 다리의 피부가 불그스름하지도 않고 피부가 벗겨진 곳도 없는 모양이구나."

"맞아요. 어떻게 그런 증상들이 며칠 만에 나았는지 모르겠어요. 특히 피부가 벗겨진 상처는 감쪽같이 안 보이더라고요. 정말 이해가 안 돼요."

명안은 잠시 말을 멈추고는 자신의 휴대전화를 흔들어 보였다.

"그뿐만 아니라 이름표에 적혀 있던 영어 병명을 찾아보니 '회전근개 파열(어깨 관절 주위를 덮고 있는 4개의 근육 중 하나 또는 그 이상이 파열되어 팔과 어깨에 통증을 발생시키는 질환—옮긴이)'이었어요. 그런 병을 가진 사람은 팔을 잘 들 수 없잖아요. 그런데 채 코치는 수업을 하면서 매우 민첩하게 움직였거든요."

명안의 말을 다 들은 위백이 웃으면서 말했다.

"이제 대충 무슨 일인지 알 것 같아. 네가 찍은 환자 이름표 사진 좀 보내줘. 조사가 끝나면 진실을 알려줄게."

며칠 뒤 고모가 명설 집을 방문했다. 고모 가족과 명안 가족은 즐겁게 이야기를 나누며 즐거운 시간을 보내고 있었다.

그때 초인종이 울렸다. 위백이었다. 그는 집에 손님이 와 있는 것을 보고는 방해하지 않으려고 명안을 밖으로 조용히 불러내 조사 결과를 말해주었다. 사실 채 코치에게는 채새윤이라는 이름을 가진 쌍둥이 형이 있었다. 그는 최근 회전근개 파열로 수술을 해야 했는데 의료보험에 가입되어 있지 않았다. 그러다가 동생인 채새덕이 의료보험에 가입되어 있으며 수술이나 입원만 하면 보험금을 받을 수 있다는 걸 알게 되었다. 욕심이 난 채새윤은 동생의 신분을 빌려 진찰을 받았다. 쌍둥이는 똑같이 생겼기 때문에 건강보험 카드에 찍힌 사진으로는 채새윤이 채새덕이 아니라는 사실을 의사는 전혀 눈치 채지 못했다. 그래서 평소처럼 진찰을 하고, 입원을 시키고, 수술을 하고, 환자의 요구에 따라 진단서를 발급했다.

채새윤은 의사가 발급해 준 진단서로 보험회사에 보험료를 청구했다. 처음에 위백은 그저 업무를 보러 가는 길에 명안을 태워준 것뿐이었지만, 그로 인해 뜻하지 않게 보험금 횡령 사건을 막게 되었다.

명안이 위백과 대화를 끝내고 집 안으로 들어왔을 때, 고모는 수영 이야기를 하고 있었다.

"지난번에 살생물제 이야기를 듣고 내가 실버타운 총책임자에게 가서 물었지. 수영장에서 사용하는 살생물제의 이름을 적어달라고 말이야. 바로 이 약이래."

아빠는 쪽지를 받아서 보았다.

"1-브로모-3-클로로-5,5-디메틸히단토인, 이건 약칭 BCDMH라 불리는 약품이군요."

모두들 인상을 쓰며 물었다.

"그게 대체 뭐야?"

"이런 약품을 물에 첨가하면 차아염소산과 차아브롬산이 생성되는데, 이 중 하이포아염소산이 바로 표백제의 주요 성분이에요. 어쩐지 실버타운 수영장에서 표백제 냄새가 나더라니. 그런데 그와 같이 생성되는 하이포아브롬산은 일반 수영장에는 잘 없어요. 누님은 아마 그 성분 때문에 피부가 알레르기 반응을 보이는 것 같아요."

고모는 기뻐하며 말했다.

"맞아. 총책임자 말을 들어보니 나뿐만이 아니라 채 강사도 물에 들어간 후부터 피부 트러블이 생겼다고 하더라. 그래서 앞으로는 일반 표백제로 살균을 하기로 했대. 덕분에 나는 다시 수영을 시작했단다."

엄마가 활짝 웃으며 말했다.

"채 강사는 고모님보다 더 좋아하겠네요!"

"아니야, 무슨 이유인지는 모르겠지만 채 강사가 갑자기 일을 그만뒀어. 그래서 수치요법 수업은 새로운 강사가 맡아서 하고 있어."

명안이 미소를 지으며 말했다.

"전 그 이유를 알아요."

그러고는 모두에게 채 강사의 사연을 들려주었다.

사건 너머의 과학

　　살생물제는 여러 종류가 있다. 본문에서 소개한 1-브로모-3-클로로-5,5-디메틸히단토인(약칭 BCDMH)은 그 중 하나로, 분자식은 아래 그림과 같다. BCDMH는 백색 고체이며 수질 정화에 많이 사용된다.

　　BCDMH가 살균할 수 있는 원리는 이렇다. 약품이 물속에 있으면 차아염소산과 차아브롬산이 생성되는데, 둘 다 산화제로 세균의 전자를 빼앗아 세균을 죽게 한 뒤, 그 자체는 염소 이온이나 브롬화 이온으로 변한다.

코발트 중독이 불러온
추락 사건

명설 친구인 기영의 생일이 다가왔다. 기영은 생일 전날인 토요일 오후에 친구들을 자기 집으로 초대해 생일 파티를 하기로 했다. 기영의 집은 정원이 넓어서 많은 사람을 수용할 수 있었다.

그날 파티에 온 학생들은 손에 맛있는 음식을 들고 삼삼오오 정원을 돌아다니며 이야기꽃을 피웠다.

파티가 한창 무르익었을 때 기영의 아빠가 방에서 나왔다. 전부터 기영의 집을 여러 번 다녀갔던 명설은 그날 처음으로 기영의 아빠를 보았다. 기영에게 듣기로 그는 일찍이 육군 소장이었고 주재무관(외국공관에 머무르며 군사 관련 외교를 맡는 군인이자 외교관 신분의 장교—옮긴이)도 지낸 퇴역 군인이었다. 기영의 아빠는 6년 전에 사고를 당해 퇴역한 후 대만으로 돌아왔다. 그 후로 비즈니스 업계에 뛰어들어 많은 돈을 벌었다. 그래서 그들 가족이 이런 멋진 저택에서 살 수 있게 되었다. 하지만 기영의 아빠는 늘 외국에 나가서 사업을 하느라 집에 거의 없었다. 그래서 오늘에서야 명설은 기영의 아빠를 직접 보게 되었다.

기영의 아빠는 나이가 예순 정도 되어 보였고, 장기간 군 생활을 해서인지 체격이 좋았다. 게다가 성격이 진중해 보이고 화를 내지 않아도 위엄이 있었다. 방에서 나온 기영 아빠는 한마디 말도 없이 눈으로 정원을 쭉 훑어보았다. 그러자 장난을 치거나 수다를 떨고 있던 학생들이 일제히 조용해졌다.

기영 엄마가 다가와 남편에게 물었다.

"왜 나왔어요?"

기영 아빠는 인상을 쓰고 고개를 갸웃거리며 되물었다.

"뭐라고?"

기영 엄마가 다시 한번 물었다.

"왜 나왔냐고요!"

기영 아빠는 귀에 걸린 보청기를 조정하고 나서야 아내의 말을 알아들었다.

"산책 좀 가려고 나왔어!"

기영 엄마는 벽시계를 쳐다보며 말했다.

"벌써 산책 시간이 되었나요? 가세요, 가요! 여기 아이들 괜히 겁주지 말고요. 저는 손님 접대를 해야 해서 오늘은 당신과 함께 못 가요."

기영 아빠는 지팡이를 들고 천천히 정원을 가로질러 나갔다. 모든 학생이 숨을 죽이고 그 모습을 바라보았다. 기영 아빠가 나가고 대문이 닫힌 뒤에야 학생들은 다시 이야기를 시작했다.

예위가 기영에게 조용히 말했다.

"너희 아빠는 정말 위엄이 있어. 아빠가 나타나자마자 학생들이 꿀 먹은 듯 조용해졌잖아."

기영은 쓴웃음을 지으며 말했다.

"우리 아빠는 집에 있을 때도 군인처럼 행동했기 때문에 나는 어렸을 때부터 아빠가 너무 무서웠어. 우린 별로 친하지 않아."

명설이 물었다.

"너희 아빠 말이야, 숨이 좀 가쁜 것 같던데 혹시 어디 아프시니?"

"난들 아니? 아빠는 할 말이 있어도 내게는 좀처럼 말하지 않으셔. 지난 몇 년 동안은 회사 일로 바빠서 거의 집에 오지도 않으셨는걸. 그런데 몇 달 전부터는 계속 집에만 계셔. 왜 그런지는 잘 모르겠어. 게다가 아빠 행동이 예전에 비해 확실히 느려

졌어. 아빠가 아무 말씀도 안 하시니까 나도 감히 물어보지 못했지. 아빠는 매일 규칙적으로 생활해. 정해진 시간에 일어나고, 정해진 시간에 식사를 하고, 잠도 정해진 시간에 자. 정말 로봇 같아. 우리가 말을 걸지 않으면 아빠는 단 한마디도 하지 않아. 지금처럼 4시 정각이 되면 아빠는 산책하러 나가셔. 집에 손님이 있든 없든 엄마가 함께 나가든 말든 상관없이 반드시 산책하러 나가시지."

명설이 웃으면서 말했다.

"사실 아이 친구들이 집에 놀러 오면 괜히 이런저런 핑계를 대고 외출하는 부모님들이 많을 거야. 아이들이 불편하지 않도록 말이야. 어쩌면 너희 아빠도 그래서 나가셨을지 몰라. 너무 부정적으로 생각하지는 마!"

생일 파티는 오후 5시가 넘도록 계속되었다. 몇몇 학생들은 이미 작별 인사를 한 뒤 그곳을 떠났고, 명설 등 기영과 친한 친구 두세 명만 남아서 함께 집을 치우기 시작했다.

그때 명설의 눈에 벽시계를 애타게 쳐다보며 정원을 서성거리는 기영 엄마가 보였다.

"아주머니, 저희가 뭐 도울 일이라도 있나요?"

명설이 조심스럽게 물었다.

"아이고, 기영 아빠가 산책하러 나간 지 한 시간 반이 지났는데 아직 집에 오지 않는구나. 그 사람은 항상 시간을 잘 지키거든. 보통 밖에 나가 산책을 하다가 5시가 되면 돌아오는데, 오늘은 많이 늦어지네."

"어쩌면 아빠가 내 친구들이 아직 집에 있다고 생각하고 애들이 불편할까 봐 일부러 멀리 갔다가 조금 늦게 오시는 건지도 몰라요."

뜻밖에도 기영은 조금 전에 명설이 했던 말을 그대로 인용하며 엄마를 안심시켰다.

"그럴지도 모르지."

기영 엄마는 고개를 끄덕였다.

집을 대충 다 정리했을 때는 이미 6시가 되었다. 날이 많이 어두워졌는데도 기영 아빠는 여전히 돌아오지 않았다.

"아무래도 안 되겠다. 분명 무슨 일이 생긴 거야. 내가 찾으러 나가봐야겠다."

기영 엄마는 방에서 손전등을 하나 들고 나오더니 밖으로 나갔다. 기영은 급하게 엄마를 쫓아갔다.

"엄마, 저도 같이 가요."

기영은 몇 걸음 가다 말고 뒤돌아보더니 남아 있던 친구들에게 말했다.

"작별 인사 못 해서 미안해. 나중에 나갈 때 문단속 좀 해줘."

무슨 일이든 열심인 혜영이 그 말을 듣고 대답했다.

"우리도 나가서 찾아볼게. 눈이 하나라도 더 있으면 빨리 찾을 수 있을 거야."

곧이어 남아 있던 친구들도 자신의 휴대전화를 들고 손전등 모드를 켠 다음, 기영 엄마와 기영의 뒤를 따라 산으로 향했다. 기영이 물었다.

"엄마, 아빠가 주로 가는 산책 코스를 아세요?"

"네 아빠는 요즘 계속 도로를 따라 칭톈궁까지 갔다가 돌아오고 있어."

기영 엄마가 앞서 나가고 아이들은 휴대전화 불빛으로 이곳저곳을 비춰가며 기영 아빠의 흔적을 찾았다. 한참을 걷다가 그들은 커브길로 접어들었다. 커브길 아래는 절벽이었다. 혜영은 손을 뻗어 휴대전화 불빛으로 절벽 아래를 비추었다. 그때 절벽 아래 풀숲에서 새하얀 덩어리가 보였다. 혜영이 머리를 내밀고 더 자세히 살펴보니 흰 셔츠를 입은 기영 아빠였다. 그녀는 자신도 모르게 흥분해서 소리쳤다.

"찾았어요, 저기 있어요!"

아빠임을 확인한 기영은 절벽을 타고 내려가서 아빠를 구하려고 했다. 그러자 기영 엄마가 깜짝 놀라 기영을 말렸다. 기영이 말했다.

"괜찮아요. 여기 작은 나무가 몇 그루 있으니 그 줄기를 잡고 내려가면 돼요."

기영은 젖 먹던 힘까지 다 써서 겨우 아빠 곁으로 갈 수 있었다. 그는 일단 아빠의 상태를 살핀 뒤에 무사하다는 사실을 큰 소리로 알렸다.

"아직 숨을 쉬고 있어요. 아무래도 기절하신 것 같아요."

절벽이 너무 험해 누구도 기영 아빠를 구할 상황이 못 되자, 명설은 휴대전화로 119에 구조를 요청하고 상황을 설명했다. 소방대원들이 현장으로 출동해 밧줄과 들것으로 기영 아빠를 구조했다. 병원으로 갔을 때는 이미 밤늦은 시간이었다. 명설은 기영에게 작별을 고하면서 내일 다시 아빠를 뵈러 오겠다고 약속했다.

다음 날 명설은 약속대로 기영의 아빠를 보러 병원에 갔다가 뜻밖에도 입구에서 사립 탐정 위백을 만났다. 명설이 놀라 물었다.

"위 오빠, 여긴 어쩐 일이에요?"

"절벽에서 떨어져 다친 환자에 대해 알아보러 왔어. 환자 측에서는 보험설계사에게 사고 사실을 통지했을 뿐, 아직 정식으로 보상 청구를 한 건 아니야. 그런데 비싼 보험에 가입한 지 고작 3개월밖에 안 되었는데 사고가 난 거라서, 회사에서 나에게 조사를 부탁했어."

명설이 의아해 하며 물었다.

"혹시 뢰 씨를 조사하러 온 건가요?"

"그래. 피보험자 성이 '뢰'야. 왜? 너 그 사람 알아?"

"그분은 제 친구의 아빠예요. 사고가 났을 때 저도 현장에 있었어요. 특별히 이상한 점은 없었는데요."

명설은 당시 상황을 위백에게 말해주었다.

"넌 그 사람이 절벽에서 떨어진 후 구조에 참여했을 뿐 절벽에서 떨어질 때는 현장에 없었잖아. 우린 그 사람이 보험금을 노리고 일부러 투신했을 가능성도 있다고 봐."

위백은 진지한 표정으로 말을 이었다.

"이번 사고에 대해서는 할 말이 많아. 어디 앉을 곳을 찾아보자. 내가 찬찬히 말해줄게."

그들은 병원 안 편의점으로 가서 음료수를 하나씩 사서는 자리를 잡고 앉았다. 그런 후에 위백은 노트북을 켰다.

"이건 내가 찾은 산책로 CCTV 화면이야."

화면에서 기영 아빠는 느린 걸음으로 도로 가장자리를 따라 걷다가 순간 절벽 아래로 떨어졌다.

"이것 봐, 당시 길에는 차도 없고 부딪친 사람도 없었어. 뢰 씨 혼자 절벽 아래로 떨어진 거야. 좀 이상하지 않니?"

명설은 친구 아빠가 사기꾼일지도 모른다는 사실을 받아들이

기가 어려웠다.

"그 사람들 부자예요. 회사도 운영하고 별장까지 있는데 굳이 보험금을 노릴 필요가 있을까요?"

"내가 일차적으로 조사한 결과는 그렇지 않아. 사실 뢰 씨 회사는 석 달 전에 문을 닫았어. 마침 그날 그 사람이 보험을 들었지. 난 그게 우연이 아니라는 생각이 들어."

그때까지 명설은 기영에게 아빠 회사가 이미 폐업했다는 말을 들은 적이 없었기에 그 사실을 어떻게 받아들여야 할지 몰랐다. 위백은 계속해서 말했다.

"뢰 씨의 병력도 조사해 봤는데, 줄곧 건강했고 특별한 병을 앓은 적이 없더구나. 단지 6년 전에 외국에서 교통사고를 당해서 고관절을 다쳤고 그 때문에 퇴역을 신청했어."

명설은 그제야 기영 아빠가 퇴역한 이유를 알게 되었다.

"뢰 씨는 귀국 후에 수술을 통해서 문제가 있는 관절을 인공 관절로 교체했어. 회복 후 몸을 좀 움직일 수 있게 되었을 때 회사를 설립했지."

위백은 노트북 자료를 보여주며 말했다.

"그런데 수술한 지 3년 만에 고관절에 다시 통증이 생겼어. 병원에서 검사를 해보니 세라믹으로 만든 대퇴골두에 변형이 생긴 것을 발견했지. 그래서 그걸 다시 금속 대퇴골두로 바꿨어. 그게 병력의 전부야. 고관절 수술을 두 번 받은 것을 제외하고는 매우 건강하지."

위백의 설명은 이어졌다.

"어젯밤 치료를 받은 후 뢰 씨는 의식을 회복했어. 그런데 오늘 아침에 의사가 물어보니 1년 전부터는 시력과 청력에도 문제가 생긴 것 같다고 대답했대."

명설이 말했다.

"맞아요. 그분은 보청기를 끼고 있었어요."

"뢰 씨 말에 의하면 지금은 사물을 볼 때 윤곽과 색깔만 보일 뿐, 자세한 디테일은 보이지 않아 신문 읽기도 어렵다는 거야. 또 다리도 자주 저리다고 해."

"의사 선생님은 뭐라고 하셨나요?"

"진찰 결과, 그의 머리와 목의 피부에 염증이 생긴 걸 발견했어. 그전에는 그런 병이나 증상이 전혀 없었거든. 그런데 그렇게 건강한 사람에게 왜 몇 달 만에 몸 여기저기에 문제가 생겼을까?"

명설은 잠시 생각에 잠겼다가 입을 열었다.

"제 생각에는 반대로 생각해 봐야 할 것 같아요. 그러니까 기영 아빠는 몇 달 전부터 갑자기 건강이 나빠져서 어쩔 수 없이 회사를 그만두고 집에서 요양하신 것 같아요. 그러면서 위기의

식을 느끼고 보험에도 가입한 거죠. 게다가 나빠진 시력 탓에 길이 잘 보이지 않아서 절벽에서 떨어졌을 테고요. 다만 그렇게 짧은 기간 안에 온몸에 안 좋은 문제들이 생긴 이유가 뭔지 잘 모르겠어요."

위백은 고개를 끄덕였다.

"네 말도 일리가 있구나. 그렇다면 도대체 뭐가 잘못된 걸까? 아무튼 너무 걱정하지는 마. 지금까지는 자료를 수집하고 진료 기록만 조회했을 뿐, 당사자를 귀찮게 하진 않았으니까. 일단 나는 계속 조사를 해볼 거야. 진실이 밝혀졌으면 좋겠다."

위백과 헤어진 후에 명설은 병실로 가서 기영 아빠에게 안부를 물었다. 기영 아빠는 명설을 보고 감사 인사를 전했다.

"명설 양, 어제 친구들과 함께 구해줘서 고마웠어."

명설은 기영 아빠의 부상과 병세에 대해 자연스럽게 이야기를 나누면서 그 틈에 몇 가지 궁금한 점을 물었다.

"아저씨, 걸을 때 숨도 차고 시력과 청력도 나빠졌는데 왜 의사에게 진료를 받지 않으셨나요?"

기영 아빠는 한숨을 쉬며 말했다.

"내 또래 친구들과 이야기를 나누다 보면 다들 눈도 좀 나빠지고 귀도 잘 안 들린다고 해. 친구들은 그게 자연스러운 노화 현상이라며 날 위로했지. 또 다리가 저린 건 내가 일 때문에 사무실에 너무 오래 앉아 있어서 운동이 부족한 탓이라고 생각했어. 그래서 이사를 한 뒤로는 일부러 혼자 날마다 산책을 했어. 혈액 순환도 잘 되고 다리가 저리는 것도 줄어들었으면 해서 말이야. 하지만 별 소용이 없었던 것 같아."

그러자 기영이 눈시울을 붉히며 말했다.

"아빠, 왜 말씀 안 하셨어요? 사실대로 말씀해 주셨으면 저도 아빠 혼자 나가게 두지는 않았을 텐데…."

"아빠는 어렸을 때부터 강인해야 하고 인내심이 있어야 하며 쉽게 약해지면 안 된다는 훈련을 받으며 자라왔어. 그래서 너와 네 엄마를 힘들게 하지 않고 혼자 이겨내려고 했을 뿐이야."

월요일 날, 명설은 기영이 학교에 오지 않은 것을 보고는 아빠의 병세가 아직 호전되지 않은 모양이라 생각했다. 명설은 수업 시간 내내 집중하지 못하고 기영 아빠의 문제를 생각했다.

오후 첫 수업인 화학 시간이 되자, 선생님은 스칸듐, 티타늄, 크롬, 망간, 철, 코발트, 니켈, 구리, 아연 등 여러 가지 전이 금속의 성질에 대해 소개했다. 선생님이 코발트에 관해 설명하면서 이렇게 말했다.

"코발트의 가장 큰 용도는 코발트를 함유한 초합금을 만드는 것으로…."

"선생님! 초합금이 뭔가요?"

명설은 궁금한 게 있으면 곧바로 물어보는 습관이 있었다.

"어떤 합금은 성능이 매우 우수해서 고온에서도 변형이 안 되고 부식도 되지 않아. 그런 합금을 초합금이라고 부른단다. 코발트를 함유한 합금은 고온에 견딜 수 있기 때문에 제트기 엔진 날개로 쓰기에 적합해. 또한 부식에도 강해서 코발트-크롬-몰리브덴 합금의 경우에는 인공관절용으로 쓰기에 적합하지."

순간 명설의 머릿속이 번뜩했다. '설마…?' 하지만 명설은 선생님이 염화코발트에 대해 소개하면서, 코발트는 중금속이지만 코발트 화합물에 중독되는 경우는 드물다고 말씀하셨던 기억이 났다. 그러면서 코발트 중독은 대개 직업적으로 관련이 많은 사람들만 걸릴 가능성이 있다고 하셨다. 명설은 잠시 속으로 고민하다가 선생님께 물어보기로 했다.

"선생님, 코발트에 중독되면 어떤 증상이 나타나요?"

"의학 쪽은 나도 잘 모르지만, 1965년 캐나다 퀘벡시에서 발생한 사례를 참고하면 될 것 같구나. 그곳에 있는 다우케미컬이란 양조장에서 맥주의 거품이 잘 터지지 않도록 하는 안정제로 황산코발트를 첨가했었어. 그런데 그 결과 현지에서 매일 그 맥주를 마시는 사람들 상당수가 호흡이 가빠지고 피로감을 느끼며 발이 붓는 등의 증상을 호소했지. 그걸로 알 수 있듯이…."

"감사합니다, 선생님!"

명설은 선생님의 말이 끝나기도 전에 손을 들고 말했다.

"선생님, 제가 급히 처리해야 할 일이 있어서요⋯."

명설은 그렇게 말하고 나서 선생님의 허락을 기다리지도 않고는 즉시 휴대전화를 챙겨서 교실 밖으로 나갔다.

"명설이 왜 저러지?"

선생님은 눈을 크게 뜨며 깜짝 놀랐다.

"쟤가 미쳤나 봐요."

몇몇 친구들이 농담조로 말했다.

"선생님, 명설에게 반드시 그만한 이유가 있을 거예요. 수업이 끝나면 제가 명설에게 설명하라고 할게요."

반장인 혜영은 명설이 분명히 어떤 사건의 단서를 발견했으며 매우 긴박한 상황이라는 걸 알고는 해명해 주었다.

명설은 교실에서 조금 떨어진 곳으로 달려간 뒤 즉시 휴대전화로 기영에게 전화를 걸었다.

"너 지금 병원이니? 지금 당장 의사에게 아빠의 혈중 코발트 이온 농도를 검사해 달라고 부탁해. 동시에 X선으로 아빠의 고관절을 찍어 검사해 보라고 해. 왜냐고 묻지 마. 검사가 끝나면 그 이유를 알 수 있을 테니까."

다음 날, 기영은 수업을 들으러 학교에 왔다. 친구들이 모두 그를 둘러싸고 아빠의 병세를 물었다.

"의사들이 아빠의 혈중 코발트 농도가 리터당 398마이크로 그램에 달한다는 걸 알아냈어. 정상 수치가 0.45 미만인데 말이 야."

명설은 혀를 내둘렀다.

"그렇게 높아? 코발트 중독이 맞았구나."

기영이 계속해서 말했다.

"고관절도 X선으로 촬영해 봤는데, 3년 전에 교체한 금속 대 퇴골두가 세라믹으로 만든 비구(대퇴골두를 감싸는 절구 모양의 골반골—옮 긴이)와 함께 장기간 마모돼 변형되었고, 그로 인해 많은 금속 가 루가 근처 조직을 오염시킨 것으로 드러났어. 의사는 즉시 수술 로 금속 대퇴골두를 교체하고 오염 부위를 깨끗이 씻어냈지. 병 의 진짜 원인을 찾았으니 증상은 점점 줄어들 거야. 그래서 아 빠가 나더러 오늘은 꼭 학교에 가라고 했어. 가서 명설에게 고 맙다는 말도 전해달라고 했어."

명설은 겸손하게 말했다.

"고맙긴 무슨! 너희도 나처럼 기영 아빠의 병세를 듣고 화학 수업을 열심히 들었다면 금방 병명을 떠올렸을 거야."

6개월 후 어느 날, 명설은 카페에서 기영과 기영 아빠를 우연 히 만났다. 인사를 나눈 뒤에 기영 아빠는 명설에게 최근 상태 를 말해주었다. 기영 아빠는 세 번째 고관절 수술 후에 혈중 코발트 이온 농도가 점점 낮아져 이제 거의 정상치에 가까워지고 있다고 했다. 숨이 가쁜 것도 완전히 좋아졌고 시력도 절반 이상 회복되었는데 청력은 정상으로 돌아오지 못할 거라고 말했다. 그 외에 합당한 보험금을 받았으며, 추락 사건 이후 부자 관계도 좋아졌다고 전했다. 정말 기쁘고 축하할 일이었다.

사건 너머의 과학

코발트 중독과 관련해서 세계적인 의학 학술지 〈란셋〉에 실린 실제 사례는 매우 흥미롭다. 사례에 따르면, 어떤 환자가 심장 기능이 약해지고 열이 나며 림프샘이 붓고 청력과 시력을 상실했는데 여러 의사를 만나 진찰을 받아도 병의 원인을 찾을 수 없었다. 결국 이 골치 아픈 사례는 위르겐 셰퍼Jürgen Schäfer 박사가 이끄는 의료진에게 넘어왔다. 그 의료진은 난치병을 전문적으로 해결하는 팀이었다.

놀랍게도 셰퍼 박사는 5분 만에 환자가 코발트 중독이라는 진단을 내렸다. 셰퍼 박사가 평소에 TV 시리즈 〈하우스〉를 즐겨본 덕분이었다. 심지어 그는 대학에서 '하우스 다시 보기' 강좌를 개설한 적도 있었다. 셰퍼 박사는 그 드라마 내용 중 하우스의 여자 친구 엄마의 상태를 설명하는 장면을 기억하고 있었는데, 그녀의 증상이 위의 사례와 상당히 비슷했다. 그래서 셰퍼 박사는 정형외과 의사에게 즉시 환자의 인공 관절 교체를 건의했다.

어떤 경우에는 TV 프로그램을 시청하는 것도 지식에 도움이 된다는 것을 알 수 있다.

개의 후각으로 찾은
실종자

수업이 끝난 뒤 명안은 같은 반 친구 서아월이 구석에 몰래 숨어서 울고 있는 것을 보았다.

"아월, 왜 그래?"

명안이 깜짝 놀라 묻자 아월은 재빨리 눈물을 훔치고는 고개를 내저으며 말했다.

"별일 아니야."

아월의 엄마는 중국에서 대만으로 시집을 와서 아월을 낳았다. 하지만 몇 년 안 되어 아월의 생부와 이혼하고 혼자서 공장에서 일하면서 고생스럽게 아월을 키웠다. 선생님은 그들의 가정 형편을 알고 나서 아월을 위해 각종 학비를 감면해 주었다.

그러나 그런 상황은 아월을 오히려 심리적으로 위축시키고 열등감을 느끼게 했다. 아월은 친구들과 별로 어울리지 못했고 눈물을 자주 흘렸다. 명안은 그런 그녀를 종종 달래주었지만, 별로 효과가 없는 듯했다.

다행히 6개월 전에 아월 엄마가 식품 가공 공장 사장과 재혼한 뒤로 두 모녀의 경제 상황은 아주 좋아졌다. 아월은 선생님에게 앞으로는 공제를 받지 않아도 된다고 말했다. 그때부터 아월은 많이 밝아졌고 친구들과도 잘 어울리게 되었다. 그런데 그런 아월이 또 몰래 눈물을 흘린 것이다.

방과 후 집으로 돌아온 명안은 형사반장인 이웅과 엄마 아빠가 이야기를 나누고 있는 것을 보고 예의 바르게 인사했다.

"이웅 아저씨 안녕하세요. 오늘 웬일로 시간이 있어요?"

이웅은 쓴웃음을 지으며 말했다.

"사건 때문에 너에게 몇 가지 물어보러 왔단다."

명안은 무슨 사건으로 이웅이 자신을 찾아온 건지 전혀 짐작할 수 없었다.

"너희 반에 서아월이라는 친구가 있지?"

"네! 그런데 그 친구가 왜요?"

"그 친구는 별일 없는데 그 친구의 엄마가 실종되었어."

"네? 어쩐지 아월이 오늘 학교에서 남몰래 울더라고요."

그제야 무슨 일인지 알게 된 명안은 아월의 상황을 이웅에게 말해주었다. 그때 명설도 학교를 마치고 집으로 돌아왔다. 엄마는 이웅에게 저녁을 먹고 가라고 말했다. 명설 가족과 이웅은 식탁에 모여 밥을 먹으면서 계속 이야기를 나누었다. 이웅이 그동안 조사한 내용을 간단히 말해주었다.

"아월 엄마의 이름은 구정이에요. 그녀와 아월의 생부는 성격이 맞지 않아 이혼했어요. 그 후 구정은 아월을 데리고 북부로 와서 한 공장에서 일하며 생계를 꾸려왔죠. 그 공장 사장은 진건명이라는 남자인데, 구정은 반년 전에 진건명과 결혼했죠. 진건명은 경제 상황이 좋았고, 공장은 그들 부부 두 사람과 직원 몇 명이 공동으로 경영했어요. 그런데 어제 진건명이 자기 아내가 아무 이유 없이 실종되었다고 경찰에 신고를 해왔어요. 우리가 조사한 바에 따르면 구정은 대만에 친척이나 친구가 전혀 없어서 마땅히 갈 곳도 없더군요. 게다가 이혼할 때 딸의 양육권을 따내려고 무지 애를 썼을 만큼 아월을 끔찍이 아끼는데, 이제 와서 갑자기 딸을 두고 혼자 사라지다니, 너무 말이 안 되잖아요."

그러자 아빠가 깜짝 놀라며 말했다.

"그럼 자네가 걱정하는 건 혹시 구정이…."

이웅이 무겁게 고개를 끄덕이며 말했다.

"우린 최악의 상황과 최고의 상황을 포함해서 가능한 모든 상황을 고려해야 해."

엄마가 심각한 표정으로 물었다.

"그럼 최악의 상황은 뭐죠? 최고의 상황은요?"

"최악의 상황은 그녀가 누군가에게 살해를 당한 것이고요…."

한숨을 내쉰 이웅이 이어서 말했다.

"최고의 상황은 그녀가 며칠 지나서 갑자기 나타나 기분이 울적해서 잠시 혼자 여행을 다녀왔다고 말하는 거죠. 제가 맡았던 실종 사건에서 이 두 가지 상황이 모두 발생한 적이 있었어요."

명설이 말했다.

"두 상황은 엄청난 차이가 나네요. 아저씨, 그럼 이제 어디서 부터 조사하실 건가요?"

이웅은 숟가락을 내려놓고 냅킨으로 입을 닦았다.

"내가 찾을 건 다 찾아봤는데 마땅히 단서가 없어. 일단 내일 지안을 공장으로 불러서 아주 작은 단서라도 있는지 살펴보려고 해."

"저희도 가고 싶어요."

명설과 명안이 이웅의 말이 끝나자마자 재빨리 말했다.

"너희가 그렇게 말할 줄 알았다. 좋아, 우리 어른들이 눈치 채지 못한 부분을 너희가 찾아낼 수도 있으니까."

그렇게 약속을 하고 이웅은 명설의 집을 떠났다.

다음 날, 명설과 명안은 이웅과 약속한 시각에 맞춰 식품 가공 공장에 도착했다. 공장 부지는 꽤 넓었다. 공장 입구에서 안으로 들어가면 곧바로 사장이 사는 2층짜리 멋진 주택이 보였다. 그 옆에는 창문도 없는 작은 창고가 하나 있었고, 그 뒤로 현대적인 공장이 자리 잡고 있었다. 도축된 돼지들을 실은 트럭들이 공장으로 줄지어 들어갔다. 그 재료들로 햄을 만들어 파는 모양이었다. 공장 노동자들은 모두 작업장에서 일했고, 사장이 사는 주택 쪽으로는 오지 않았다.

이윽고 두 대의 경찰차가 공장에 도착했다. 이웅이 경찰차에서 내려 진건명에게 수색 영장을 내밀었다. 진건명은 60대 초반으로 보였고 체격이 건장했다. 그는 수색 영장을 보고는 경찰들이 집 안으로 들어가는 데 동의했다. 이웅은 곧바로 뒤쪽을 향해 손짓했다. 그러자 또 다른 경찰차의 문이 열리더니 지안과 검은 셰퍼드를 데리고 있는 경찰 한 명이 내렸다. 명안은 몹시 의아해 하며 앞쪽으로 나와 물었다.

"지안 감식관님, 오늘은 왜 개를 데리고 증거를 찾으러 왔나요? 저 개는 경찰견이에요?"

그러자 개를 데리고 있던 경찰이 대답했다.

"맞아. 이 개는 임무 수행 중이니까 방해하면 안 된단다."

경찰의 말투가 사뭇 진지해서 명안은 저도 모르게 몇 걸음 뒤로 물러섰다. 경찰은 즉시 개를 이끌고 이웅과 다른 경찰들을 따라 집 안으로 들어갔다. 명설이 물었다.

"지안 감식관님, 왜 이번 임무에 경찰견을 데리고 왔나요?"

"내가 어제 곰곰이 생각해 봤는데, 이웅이 신고를 받고 이미 여길 한 번 살펴보고 갔으니 구정이 집 안에 있지는 않을 거야. 게다가 여긴 구정이 살았던 곳이니까 온통 그녀의 지문투성이 겠지. 그러니 증거 수집이 무슨 의미가 있겠어? 그래서 난 경찰견의 뛰어난 후각을 이용하면 사람이 알아채지 못하는 증거를 찾을지도 모른다고 생각했어."

"그럼 좀 이따가 아월 엄마의 물건을 하나 가지고 와서 경찰견에게 냄새를 맡게 한 다음, 그 개를 데리고 다니면서 사람을 찾을 건가요?"

명안이 영화에서 본 장면을 떠올리며 말했다.

"만약 아월 엄마가 살아 있고 근처에 숨어 있는 게 확실하면 그렇게 찾을 수도 있겠지."

지안이 말했다.

"그 말은… 구정 아주머니가 혹시…."

명안이 얼굴을 찌푸리며 묻자 지안은 고개를 끄덕였다.

"그래, 언제나 최악의 계산과 최선의 준비를 해야 하지 않겠

173

니? 사실 경찰견의 업무는 매우 다양하게 나뉘어 있어. 방금 명안이 말한 것은 추적견이 하는 일이야. 오늘 우리가 데려온 경찰견의 이름은 하비인데, 품종은 벨지안 시프도그 말리노이즈 Belgian Sheepdog Malinois 란다. 이런 개들은 주인에 대한 충성심이 높고 후각이 매우 예민해. 하비는 시체를 찾는 사체 탐지견 훈련을 받았어. 방금 그 개를 끌고온 황 경관이 하비를 전문적으로 훈련시켰는데, 매번 하비가 임무를 수행할 때마다 함께 다니고 있어. 둘의 호흡이 잘 맞으면 최고의 효율을 발휘할 수 있거든."

"설마 이런 이층집에 시체를 숨겼겠어요?"

명안은 이번 수색이 헛수고일 것이라고 생각했다.

"이런 개들은 단지 시신만 찾는 건 아니란다. 시신과 접촉해서 그와 똑같은 냄새가 나는 물건도 찾을 수 있어."

명설은 코가 어떤 물건의 냄새를 맡는 과정에 대해 잘 알고 있었다. 물건이 만들어낸 휘발성 소분자가 콧속으로 들어가 점막에 흡수되면서 만들어진 신호가 뇌로 전달되면 우리는 비로소 냄새를 맡게 된다.

"그럼 사람의 시신에서는 어떤 휘발성 분자가 만들어지나요?"

"사람이 죽은 후에는 단백질, 핵산, 지방 및 탄수화물이 분해되어 휘발성 소분자를 생산해. 연구에 따르면 인체는 분해 후에

400가지 이상의 특정 휘발성 분자를 생산할 수 있어."

명설이 혀를 내둘렀다.

"400가지 이상이나요? 그걸 어떻게 일일이 식별하죠?"

지안은 쓴웃음을 지으며 말했다.

"그래서 지금까지는 그걸 측정 기구로 일일이 식별할 방법이 없어서 어쩔 수 없이 개의 후각에 의존하지. 개의 후각은 인간보다 수백 배나 뛰어나거든. 훈련을 받은 개는 경찰이 시체나 마약, 폭발물을 찾는 걸 도울 수 있어."

그때 집 안에서 갑자기 하비가 짖기 시작했다. 지안이 고개를 끄덕이며 말했다.

"뭔가를 찾았나 보다."

명안은 깜짝 놀랐다.

"시체 냄새를 맡은 걸까요?"

"그건 확실치 않아. 사체 탐지견은 부패된 인체 조직이나 핏자국, 시체를 발견하면 신호를 보낼 수 있어. 일단 안에 들어가서 보고 다시 얘기하자."

지안은 즉시 명설과 명안을 데리고 집 안으로 들어갔다. 하비는 침실 바닥에 선 채 앞발을 침대 위에 놓인 솜이불에 걸치고 있었다. 황 경관은 지안이 들어오는 것을 보고 즉시 보고했다.

"이 솜이불에서 냄새가 납니다."

지안은 고개를 끄덕였다. 황 경관은 즉시 하비에게 간식을 먹이며 그를 밖으로 데리고 나갔다. 개에 관심이 많은 명안은 그들을 따라 밖으로 나갔다.

지안은 장갑을 끼고 솜이불을 젖혀보았다. 특별히 이상한 점이 발견되지 않았다. 지안은 솜이불을 조심스럽게 털어보았다. 그러자 안에서 사람 치아가 하나 떨어졌다. 치아 뿌리에는 여전히 마른 핏자국이 남아 있었다. 명설은 갑자기 긴장이 되었다.

"이게 뭘 의미하는 걸까요?"

지안은 먼저 사진을 찍은 후, 핀셋으로 치아를 증거물 봉투에 넣었다.

"크기로 보면 어른 치아야. 어른 치아는 세게 부딪히지 않는 한 쉽게 빠지지 않지. 혹시나 폭행 사건이 있었던 건 아닌지 걱정이 되는구나. 물론 실수로 이가 부러졌을 수도 있어. 어쨌든 돌아가서 이게 누구의 핏자국인지 검사해 봐야겠다."

지안은 그와 동시에 구정의 빗에서 DNA 대조에 필요한 머리카락을 여러 가닥 수집했다.

진건명은 개 짖는 소리를 듣고 살펴보러 왔다가 경찰들에게 저지당해 침실 안으로 들어오지 못했다. 그는 열린 방문을 통해 지안이 증거를 수집하고 있는 것을 보고는 잔뜩 긴장해서 말했다.

"아내는 스스로 집을 나간 거예요. 나와는 아무 상관이 없다고요! 방금 당신들이 시체를 찾는 개가 어쩌고 하는 말을 들었는데 정말 황당하군요. 여긴 곳곳에 돼지고기가 널려 있어요. 저 멍청한 개는 아마도 돼지고기 냄새를 맡고는 시체 냄새를 맡았다고 착각했을 겁니다. 죄다 썩은 고기잖아요. 그러니 아무런 증거도 없이 날 모함하지 마세요."

지안은 웃으며 말했다.

"진 선생님, 진정하세요. 아직 조사 중이고 아무런 결론도 나지 않았습니다."

그렇게 말하고 나서 지안은 명설을 데리고 밖으로 나왔다. 대문을 나오면서 지안이 명설에게 조용히 말했다.

"개가 내린 판단은 경찰이 참고만 할 뿐, 법정에서 증거로 삼을 수 없단다. 그래서 확실한 증거를 찾기 전에는 진건명을 이송해서 법에 따라 처리할 수 없어."

명설이 말했다.

"저는 아월 아빠의 말이 옳은 것 같아요. 돼지고기도 인체와 마찬가지로 단백질, 핵산, 지방, 탄수화물을 함유하고 있으니까 개가 잘못 판단할 수 있잖아요!"

지안은 고개를 내저었다.

"실험을 통해서 개가 냄새로 사람과 돼지의 사체를 구별할 수 있다는 사실이 증명되었어. 개가 어떤 분자를 통해 그런 판단을 내리는지는 현재 과학으로 여전히 알 수 없어. 아무튼 소고기와 돼지고기 모두 단백질과 지방으로 구성되어 있지만 네가 먹어 보면 둘이 다르다는 걸 알 수 있듯이, 개도 사람과 동물의 사체를 구별한단다."

"와! 개가 현대식 기계를 이길 줄은 몰랐네요."

명설은 하비에 대한 숭배심이 저절로 생겼다.

그런데 그때였다. 밖에서 대기하던 하비가 마침 집 옆으로 걸어 나오는 아월에게 갑자기 달려들었다. 명설은 깜짝 놀라 급히 개를 막으려 했다. 다행히 황 경관이 제때 목줄을 잡아당겨 하비를 멈추게 했다. 하지만 하비는 여전히 아월을 향해 끊임없이 짖었고 동시에 발로 땅을 파헤쳤다. 그 모습을 본 명설은 아무래도 수상해서 아월을 자세히 살펴보았다. 그리고 하비가 어떤 냄새를 맡고 그런 반응을 보이는지 곰곰이 생각해 보았다. 얼마 지나지 않아 명설은 뭔가 크게 깨달은 듯 아월에게 말했다.

"혹시 말야, 너희 엄마 다치셨니?"

아월은 몸을 심하게 떨면서 놀란 눈으로 명설을 바라보았다. 명설이 계속해서 말했다.

"엄마가 어디 계신지 빨리 말해주면 우리가 꼭 병원으로 모시고 갈게."

멍 멍 멍

멍 멍

엄마가 어디 계신지
빨리 말해주면
우리가 꼭 병원으로
모시고 갈게.

혹시 말야,
너희 엄마
다치셨니?

겁내지 마.
이곳에는 엄마를
보호해 줄
경찰들이
많으니까.

아월은 겁에 질려 집 쪽을 바라보았다. 그러자 명설이 아월의 어깨를 토닥이며 말했다.

"겁내지 마. 이곳에는 엄마를 보호해 줄 경찰들이 많으니까."

아월은 그제야 집 옆쪽에 위치한 창문 없는 창고를 손가락으로 가리켰다.

명설은 즉시 창고로 달려갔다. 뜻밖에도 창고 문은 잠겨 있지 않았다. 명설이 문을 열고 들어가자, 희미한 빛 속 어두운 구석에 누군가 누워 있는 것이 보였다. 명설이 다가가 물었다.

"혹시 아월 엄마세요?"

그러자 상대방이 힘없이 "네"라고 대답했다. 그때 지안도 안으로 따라 들어왔다. 두 사람은 구정을 부축해 창고 밖으로 나갔다. 햇빛 아래에서 보니 구정의 입가에는 피가 잔뜩 묻어 있었고 온몸이 상처투성이였다. 심지어 몇 군데 상처는 이미 곪아 가고 있었다. 그녀는 몸에 열이 많이 났고 매우 허약해 보였다. 지안이 물었다.

"누가 당신을 이렇게 때렸나요? 당신 남편입니까?"

황 경관은 전화로 구급차를 불렀다. 이웅은 집 안으로 들어가 진건명에게 수갑을 채운 뒤 경찰차에 태웠다. 경찰차에서 진건명은 모든 것을 시인했다. 그저께 밤에 구정과 사소한 일로 말다툼을 하다가 잠시 감정을 주체하지 못해 그녀를 때렸고, 그때 구정의 이가 부러졌다는 것이다. 상처투성이가 된 구정은 급히 집을 뛰쳐나올 수밖에 없었다. 오전 내내 아내를 찾지 못한 진건명은 할 수 없이 경찰에 신고했다. 집에서 나온 구정은 갈 곳이 없어서 어두운 창고로 몸을 숨겼다. 사건의 전모가 밝혀지자 아월이 그제야 입을 열었다.

"이튿날 아침에 제가 학교에 가면서 창고 앞을 지나는데, 엄마가 나를 몰래 불러 음식을 가져다 달라고 했어요. 그러면서 엄마는 자신이 숨어 있는 위치를 아무에게도 말하면 안 된다고 했어요. 숨어서 상처를 치료해야 한다고요. 엄마가 그랬어요. 상처가 다 나으면 날 데리고 여길 떠날 거라고요. 그래서 저는 평소처럼 학교는 갔지만 엄마가 걱정돼서 울었어요. 방금은 엄마에게 먹을 것을 몰래 가져다드리려고 했는데…."

지안이 아월에게 말했다.

"가정폭력을 당하면 빨리 경찰에 신고해야지 참으면 안 돼. 이제는 안심해도 돼. 경찰이 너와 엄마를 안전하게 보호해 줄 테니까."

명안은 뒤돌아보며 누나에게 물었다.

"누나는 왜 아월의 엄마가 아직 공장 안에 있을 거라고 추측했어?"

"하비는 훈련받은 사체 탐지견이야. 부패된 인체 조직이나 핏자국, 시체를 발견하면 신호를 보내지. 그리고 냄새를 맡아 자신이 찾으려는 목표인지 아닌지 판단해. 하비는 처음에 이불에 떨어져 있던 치아를 찾도록 우리를 안내했어. 나는 치아에 묻은 핏자국 냄새가 하비를 자극했다고 생각했지. 그때 지안 감식관님은 아월 엄마가 폭행당했을지도 모른다고 추측했어. 두 번째로 하비는 아월에게 달려들어 신호를 보냈어. 그래서 난 하비가 잘못 판단한 게 아니라면 다친 엄마의 핏자국이나 고름 같은 게 아월의 몸에 묻었을 거라고 생각했지. 그래서 엄마가 어디 숨어 있는지 아월이 알 거라고 생각했어."

명안은 기뻐하며 하비에게 달려갔다.

"하비, 넌 정말 대단한 탐정이야!"

사건 너머의 과학

동물의 사체는 부패하면 휘발성 소분자를 방출하는데, 현재 측정할 수 있는 것은 400가지가 넘는다. 게다가 각각의 성분 조직은 서로 다른 분해 단계를 거치며, 그 단계에서 발생하는 냄새도 서로 다르기 때문에 여기서 일일이 소개할 수 없다. 그중 가장 특색 있는 두 가지 악취 분자를 골라 소개하자면 아래와 같다.

단백질이 지속적으로 가수 분해(화학 반응 시 물과 반응하여 원래 하나였던 분자가 몇 개의 이온이나 분자로 분해되는 반응—옮긴이)되면 디아민을 포함한 소분자가 생성된다. 그중 가장 대표적인 두 가지 디아민은 푸트레신과 카다베린이다.

푸트레신은 테트라메틸렌디아민이라고도 하며, 화학식은 $NH_2-(CH_2)_4-NH_2$이다. 카다베린은 펜타메틸렌디아민이라고도 하며, 화학식은 $NH_2-(CH_2)_5-NH_2$이다. 아미노기($-NH_2$)를 함유한 소분자는 모두 냄새가 난다. 위 두 분자 모두 두 개의 아미노기를 포함하고 있어 디아민이라고 불린다. 둘의 구조는 단지 $-(CH_2)-$의 차이뿐이며, 동족 계열에 속하는 유기 화합물이다.

둘은 거의 동시에 출현했는데, 같은 해에 한 독일 의사가 발견했다. 생선 비린내도 이 두 가지 분자에 의해 발생하며, 생선의 사체가 부패하여 비린내가 난다. 그런데 사체에서만 이 두 종류의 분자가 생성되는 것은 아니다. 입냄새도 이 두 가지 분자 때문에 발생한다. 입냄새가 있는 사람은 입이나 체내에서 단백질이 부패하고 있다는 뜻이다.

증거가 없다고?
3D 프린터에 물어봐!

2018년 10월, 푸유마호 열차가 탈선해 수많은 사상자가 발생하는 사고가 있었다. 일주일 뒤, 뉴스에서는 사고 여파로 그 지역의 관광 산업이 큰 타격을 입었으며 많은 여행객이 안전 문제를 우려하며 서둘러 그곳을 떠났다고 보도했다. 그 소식을 듣고 명설 가족은 이 기회에 비행기를 타고 사고 지역으로 여행을 가기로 했다.

공항에 내린 명설 가족은 안내 데스크에서 렌터카를 빌린 뒤 해안 도로를 따라 북쪽으로 내달려 오후 1시 반쯤에 가장 유명한 관광 지역에 도착했다.

아빠가 말했다.

"이번 휴가는 짧으니까 우리 너무 욕심 부리지 말자. 오늘 하루 이 도시를 심도 있게 여행하고 내일 아침 일찍 공항으로 돌아가는 거야. 길을 따라가다 경치 좋은 곳이 있으면 언제든 멈춰서 구경하고."

엄마는 고개를 끄덕이며 동의했다.

"오면서 보니까 해안 길이 너무 아름답고 곳곳이 절경이더라고요. 그냥 가만히 앉아서 바다만 봐도 즐거울 거예요."

명설 가족이 제일 먼저 머문 명소는 유명 항구였는데 현재는 정박한 배가 한 척도 없었다. 그들은 곶의 가장 높은 곳에 있는 정자로 가서 태평양 바다를 내려다보았다. 바닷바람이 심해서 정자가 흔들렸다. 곧 항구를 떠나 오후 2시쯤에는 팔선동^{八仙洞}이라는 문화 유적지에 도착했다. 주차장 관리인이 명설 가족에게 미리 알려주었다.

"몇몇 동굴은 지금 개방하지 않습니다."

명설 아빠가 웃으며 대답했다.

"괜찮습니다. 아무도 불만스러워하지 않을 거예요."

유적지를 둘러보던 명안이 아빠에게 물었다.

"아빠, 팔선동은 여덟 개의 신선 동굴이란 뜻인가요, 아니면 여덟 신선이 머무른 동굴이란 뜻인가요?"

아빠는 고고학 쪽으로는 전문가가 아니어서 그 질문에 답을 해줄 수가 없었다. 그래서 명설은 혼자 조용히 안내 표지판을 찾아보았다. 알고 보니 팔선동에는 모두 10여 개의 동굴이 있으며, 원래 해식동(해안선 가까이에서 파도, 조류, 연안수 등의 침식 작용을 받아 생긴 동굴—옮긴이)이었는데 지금은 해안가 절벽에 흩어져 있다고 적혀 있었다. 명설은 속으로 생각했다.

'이게 바로 육지가 상승했다는 증거구나.'

10여 개의 동굴 중 가장 큰 동굴에서는 많은 사람이 사진을 찍고 있었다. 그곳에서 구석기시대 유적이 발견된 데다 발굴된 석기들이 현장에 전시되어 있었기 때문이다. 어떤 유물들은 매우 조잡해서 단순히 돌을 깨뜨려 공구를 쓴 것도 있었고, 어떤 유물들은 정교하게 갈고 다듬어서 현대 공구의 모습을 갖춘 것도 있었다. 이곳에서 출토된 석기는 아주 오랜 연대에 걸쳐 있었다. 안내 표지판에 따르면 1968년에 국립대만대학교 고고학 팀이 이곳 석기들을 발견했으며, 창빈향에 있어서 창빈 문화라는 이름이 붙었다고 했다.

그 외 동굴들은 해안가 절벽에 각각 흩어져 있어서 등산로를 따라 올라가야 했다. 이미 지쳐서 더 이상 걷고 싶지 않았던 엄마는 도로변에 있는 정자로 가서 바다를 보겠다고 해서 아빠가 엄마와 함께 가기로 했다.

명설과 명안은 등산로를 따라 계속 올라갔다. 과연 등산로를 따라 해식동이 많이 있었다. 그중에서도 남매는 어느 이름 없는 작은 동굴에서 한 무리의 사람들이 한창 발굴 작업을 하는 모습이 가장 흥미로웠다. 동굴 입구는 노란색 테이프로 막아 아무나 출입할 수 없게 되어 있었다.

어릴 때 어린이 잡지를 보면서 고고학에 흥미를 느꼈던 명설은 봉쇄선 밖에 서서 고고학자들이 어떻게 일하는지 한동안 관심 있게 지켜보았다. 명안도 옆에 서서 흥미진진하게 바라보았다. 그들이 파낸 것 중에는 석기뿐만 아니라 도기(붉은 진흙으로 만들어 볕에 말리거나 약간 구운 다음, 유약을 입혀 다시 구운 그릇—옮긴이)도 있었는데, 대부분 산산조각이 나 있었다. 연구원들은 조각에 묻은 흙을 닦아낸 뒤 카메라로 사진을 찍었다.

그중에 펑크 머리를 하고 잔뜩 멋을 부린 아저씨가 있었는데, 세 개의 불빛이 깜박거리고 이상하게 생긴 기계를 손에 들고 있었다. 기계 중앙에는 렌즈가 끼워져 있었는데 그것으로 출토된 석기와 도기를 하나씩 스캔하고 있었다. 명설이 궁금함을 참지 못하고 물었다.

"실례지만, 그 기계는 어떤 기능이 있나요?"

펑크 머리 아저씨는 하던 일을 멈추고 남매를 훑어보았다. 아이들이 자기 일을 방해하지 않을 거라고 판단한 아저씨가 대답했다.

"이건 휴대용 3D 스캐너야. 예전에는 출토된 문화재의 형상을 카메라로만 기록할 수 있었어. 하지만 사진은 결국 2D, 그러니까 평면일 뿐인데 지금은 이렇게 3D 스캐너가 있어서 입체 형상으로 기록할 수 있단다."

"우와!"

명안이 감탄했다.

"출토된 유물들은 대개 깨진 파편이야. 완전한 형태가 어떤지 알아내려면 차근차근 맞춰봐야 해."

핑크 머리 아저씨는 그렇게 말하면서 배낭에서 조각 몇 개를 꺼내어 명설에게 내밀었다.

"이 조각들로 어떤 형태가 만들어지는지 한번 맞혀볼래?"

명설은 곧바로 손을 내저으며 거절했다.

"아, 아니에요. 이렇게 귀한 유물을 깨뜨리기라도 하면 큰일이잖아요!"

그러자 아저씨가 크게 웃었다.

"자세히 봐. 이건 진짜로 출토된 조각이 아니라 우리가 3D로 스캔한 것을 3D 프린터에 입력해서 인쇄한 복제품이야. 실물과 똑같은 모양이니 한번 맞춰보렴. 파손 걱정은 안 해도 돼."

그 말에 명안은 신이 나서 조각들을 받아 들고는 땅바닥에 쭈그리고 앉아 이리저리 맞춰보기 시작했다. 명설은 곰곰이 생각해 보더니 이렇게 말했다.

"이런 기술이 있으면 앞으로 박물관에 가서 보호 유리를 사이에 두고 진품을 볼 수 있을 뿐만 아니라 진품과 똑같은 복제품을 직접 가지고 놀 수도 있겠네요."

아저씨는 고개를 끄덕이며 말했다.

"맞아!"

그때 명안이 조각을 다 맞췄다. 비록 온전하지는 않았지만, 대체적인 모양을 알아볼 수 있었다. 뚝배기였다.

그날 저녁 명설 가족은 현지에 있는 게스트하우스에 묵었다. 방에서 창문 밖으로 바다가 보였기 때문에 명설 가족은 내일 아침에 침대에 앉아서 일출을 볼 수 있을 것이라고 기대했다. 하지만 다음 날은 날씨가 별로 좋지 않았다. 하늘은 어둡고 태양도 볼 수 없었다. 아침 식사를 마친 명설 가족은 일찍 출발해서 해안 길을 따라가며 바다 경치를 감상하기로 했다.

차가 주차장으로 들어섰을 때, 갑자기 명안의 휴대전화가 울렸다.

"누가 우리 반 단톡방에 글을 올렸어요. 어디 보자…. 아! 임대현이에요. 대현이 크게 다쳐서 지금 병원에 있대요. 얼른 돌아가서 그 친구에게 가봐야겠어요…."

더 이상 여행할 기분이 아니게 된 명안은 서둘러 돌아가야 한다고 계속 아우성쳤다. 비록 비행기 탑승까지는 시간이 남아 있었지만, 아빠는 어쩔 수 없이 주차장에서 차를 돌려 나왔다. 그리고 그 길로 공항에 도착해서 렌터카를 반납했다. 비행기가 이륙하기 전까지 한 시간가량 남은 동안, 명안은 이런저런 소식들을 더 듣게 되었고 대현이 어떻게 다치게 되었는지도 알게 되었다.

어제 오후에 대현은 친구들과 함께 야구를 하려고 공원에 갔다가 다른 무리의 학생들과 장소 문제로 다투게 되었다. 상대 학생들 중에 끼어 있던 두 명의 중학생이 막무가내로 경기장을 차지하려고 한 것이다. 초등학생인 대현과 친구들은 중학생 형들을 이기지 못해 결국 몇 마디 악담을 퍼붓고 각자 집으로 돌아갈 수밖에 없었다. 그런데 저녁 무렵에 뜻밖에도 자기 집에서 멀지 않은 골목 바닥에 의식을 잃은 채 쓰러져 있는 대현이 발견되었다. 병원으로 옮겨진 대현은 두개골 내 출혈이 발견되어 급히 수술했으나 아직 의식을 회복하지 못했다고 했다. 명안은 눈물을 흘리며 말했다.

"그 형들이 때린 게 분명해요! 여행을 오지 않았다면 저도 분명 그 친구들과 함께 야구하러 갔을 텐데, 그럼 저도 공격당했을지도 모를 일이라고요."

그러자 엄마가 걱정스러운 듯 물었다.

"너희들 평소 공원에 가서 공놀이할 때도 종종 그렇게 싸우니?"

"공원은 모두의 것이니 누구나 가서 놀 수 있잖아요. 사람이 많은 휴일에는 장소를 빼앗기는 경우가 많아요. 하지만 보통은 다른 팀이 기다리고 있으면 따로 말하지 않아도 몇 이닝 하다가 알아서 비켜주는 게 나름의 룰이죠. 그런데 이번에는 왜 싸웠는지 모르겠네요."

비행기가 공항에 착륙한 후, 명안은 곧바로 도시철도를 타고 병원으로 가려 했다. 하지만 엄마가 말렸다.

"아직 수화물도 안 나왔는데 왜 그렇게 급해?"

아빠가 명설에게 부탁했다.

"네가 명안을 따라가 보렴. 가서 임대현 부모님께 폐를 끼치지 않게 명안을 잘 보살펴주렴."

명설은 명안과 함께 병원에 도착했다. 대현의 부모는 병실 밖에 초조하게 앉아 있었다. 그들의 설명에 따르면, 컴퓨터 단층 촬영 결과 대현에게 심각한 두개골 내 출혈이 발견되었다고 한다. 그래서 대현의 두개골에 구멍을 내고, 신경외과 수술을 진행했다. 이 후 잘라낸 두개골 조각을 원래 자리로 끼운 후 두개골을 평평하게 갈고 수술을 마무리했다. 비록 수술은 성공적으로 끝났지만 아직 위험에서 벗어난 것은 아니어서 당분간 중환자실에서 지켜봐야 했다. 명안은 너무 놀라 말이 잘 안 나왔다.

"그렇게 심각해요?"

대현 아빠가 말했다.

"중환자실에는 하루 두 시간, 두 사람까지만 들어갈 수 있어. 그래서 지금 이곳에서 저녁 면회를 기다리고 있단다."

당장 명안이 중환자실에 들어가 병문안할 상황이 아님을 알게 된 명설이 기회를 틈타 명안에게 말했다.

"지금 우리가 여기 있는 건 별로 도움이 되지 않아. 차라리 경찰서에 있는 이웅 아저씨를 찾아가 사건 처리 상황을 알아보고 우리가 도울 건 없는지 물어보는 게 좋겠어."

그 말에 일리가 있다고 생각한 명안은 곧바로 대현 부모에게 작별을 고했다.

명설과 명안이 경찰서에 도착했을 때 이웅은 근심에 빠져 있었다.

"임대현은 공원에서 어떤 학생들과 시비가 붙은 뒤에 그렇게 다쳤어. 그래서 우리는 그 학생들부터 찾아내 조사했지. 자기 무리를 믿고 임대현 일행을 괴롭히던 두 중학생은 알고 보니 형제 사이였어. 그들은 임대현 일행이 떠난 후에 공놀이는 하지 않고 곧바로 공원을 나갔지. 그들의 행방을 조사해 본 결과, 집에 돌아와 흉기를 들고 나간 것이 확인되었단다. 형제 중 한 명

193

은 야구 방망이를, 나머지 한 명은 철제 갈고리를 가지고 나갔더구나. 그들 형제가 대현 집 부근을 배회하는 것을 본 목격자가 있긴 한데….”

“범인은 바로 그들이군요!”

명안이 화가 나서 소리쳤다.

“하지만 그들은 임대현에게 욕을 해줬을 뿐 폭행한 사실은 없다고 주장하더구나. 사건 장소가 후미진 골목이라 다른 목격자나 감시 카메라가 없어서 폭행 행위를 입증할 증거가 없단다. 그래서 검찰은 체포 영장을 발부하지 않았어. 임대현이 깨어나서 그들을 지목하면 좋을 텐데.”

“아저씨, 그 두 흉기는 찾았나요?”

명설이 냉정하게 묻자 이웅은 한숨을 내쉬었다.

“그 형제 집에 가서 야구 방망이와 철제 갈고리를 찾아냈어. 벌써 경찰서로 가져와서 지안에게 검사를 맡겼는데, 임대현의 두개골에 출혈이 있었음에도 그 흉기에는 혈흔이 전혀 없었어. 둘 다 씻은 지 얼마 안 되어서 임대현의 DNA를 찾을 수 없다고 하더구나.”

“씻은 지 얼마 안 되었다고요? 그건 그들이 들킬까 봐 일부러 증거를 없앤 거 아닌가요?”

명안이 버럭 화를 냈다. 명설은 명안의 손을 붙잡으며 말했다.

"그런 말은 소용없어. 진정하고, 우리 지안 감식관님에게 가 보자."

지안은 실험실에서 야구 방망이와 철제 갈고리를 꺼내 보여 주면서 그들에게 설명했다.

"임대현의 DNA는 없고 두 형제의 지문만 남아 있었어. 하지만 그들 집에 있는 물건에서 그들의 지문이 나오는 건 지극히 당연한 일이잖아."

명설은 야구 방망이를 자세히 살펴보았다. 나무로 만든 야구 방망이에 나무 무늬가 있었고 광택 페인트를 칠했는지 표면이 아주 매끈했다. 한편 철제 갈고리는 일반적으로 가게에서 철제 셔터를 아래로 당길 때 사용하는 갈고리였다. 손잡이는 분홍색 플라스틱이고 갈고리 자체는 알루미늄으로 만들어졌는데, 끝이 ㄷ자 모양으로 구부러져 셔터 구멍에 걸 수 있게 되어 있었다. 명안이 물었다.

"감식관님! 이 의심스러운 흉기들과 대현 머리에 난 상흔을 대조해 본다면 이것이 진짜 흉기로 쓰였는지 아닌지 알 수 있지 않나요?"

"하지만 대현은 외상이 없어. 상처는 두개골에 났잖아. 게다가 이미 수술을 받아서 그 상처도 없어졌을 거야. 그러니 증거가 될 수 없어."

"의사 선생님이 수술 전에 대현의 머리에 컴퓨터 단층촬영을 했다고 그랬어요. 혹시 그게 증거가 될 수 있나요?"

명설은 어제 오후에 만난 고고학자들이 했던 일이 갑자기 떠올랐다.

"만약 촬영한 영상을 3D로 프린팅할 수 있다면, 대현의 두개골에 난 상처와 흉기 모양을 대조해 볼 수 있을 거예요."

"오! 가능할 것 같아. 내가 의료진에게 파일을 보내 달라고 요청할게."

지안은 곧바로 실험실로 되돌아갔다. 명안이 누나에게 물었다.

"컴퓨터 단층촬영이 뭐야?"

"엑스레이로 신체의 일부분을 여러 각도로 측정하는 거야. 그러면 컴퓨터가 그 데이터를 3D 영상으로 만들어 보여주지. 대현의 경우에 의사는 3D 영상을 통해서 두개골 내의 출혈 부위와 균열 상태를 볼 수 있었던 거야."

명설의 말을 이해한 명안은 고개를 끄덕이며 말했다.

"그런 데이터가 있다면 3D 프린터로 대현의 수술 전 두개골 모형을 복제할 수도 있고 금이 갔던 위치와 크기도 다시 확인할 수 있구나."

"맞아."

결과를 빨리 알고 싶은 명설과 명안은 실험실 문밖을 조용히

지켰다. 마침내 지안이 손에 플라스틱 머리 모형을 들고나왔다. 명설과 명안이 자세히 살펴보니, 오른쪽 두개골에 ㄷ자 모양의 상처가 보였다. 지안이 명설에게 말했다.

"3D 프린터로 증거를 만들자는 아이디어는 네가 생각해 낸 것이니까 너희 남매가 이 일을 완성하렴! 명설은 이 모형을 들고 있고, 명안은 장갑을 끼고 이 갈고리를 들어. 그리고 둘을 맞춰보자."

명설과 명안은 지안의 지시대로 철제 갈고리의 끝을 머리 모형 위에 올려놓았다. 과연 갈고리 끝의 구부러진 부분이 ㄷ자 모양의 상처와 정확히 들어맞았다. 지안은 재빨리 휴대전화 카메라로 그 부분을 찍은 뒤 자신만만하게 말했다.

"증거가 생겼으니, 검사에게 구속영장을 청구할 수 있겠어."

그때 명안의 휴대전화에서도 좋은 소식이 전해졌다.

"임대현 아빠가 그러는데, 대현이 깨어났대!"

사건 너머의 과학

　　3D 프린팅은 컴퓨터를 이용해 재료(녹은 플라스틱이나 분말일 수 있음)를 겹겹이 쌓아 3차원의 모형을 만드는 것이다. 우선 인쇄하고자 하는 물체를 스캔하여 데이터를 얻은 후, 컴퓨터에 인쇄 준비를 하게 한다. 인쇄할 때는 고온의 이동식 인쇄 헤드가 녹은 재료를 플랫폼에 정밀하게 주입하여 첫 층을 형성한다. 인쇄가 진행됨에 따라 플랫폼이 점점 내려가고 재료가 겹겹이 쌓여 입체 모델을 형성한다. 이 모든 과정은 단지 2D가 3D로 바뀐 것으로 잉크젯 프린터와 유사하다. 잉크가 녹은 플라스틱으로, 종이가 플랫폼으로 바뀌었을 뿐이다.

　　이러한 기술은 제조업, 의약계, 문예계를 막론하고 새로운 용도를 쉽게 찾을 수 있을 정도로 널리 사용되고 있다. 하지만 복사된 상품이 지식재산권(마치 복사한 잡지가 침해가 될 수 있는 것처럼)을 침해하는지의 여부와 같은 많은 법적 문제를 일으키고 있다. 만약 이 기술로 총이나 칼, 혹은 다른 불법 제품을 찍어내면 사회가 불안에 떨지 않을까? 이런 문제들에 대한 심층적인 논의가 필요하다.

무시무시한
테러의 주범

　명설의 사촌 언니가 새집으로 이사를 하게 되었다. 명설 엄마
는 조카에게 이사 선물로 가전제품을 사주고 싶었다. 그래서 골
목 어귀에 있는, 그들이 잘 알고 지내는 소 씨의 전자제품 가게
에 가서 선물을 사기로 했다. 명설도 엄마 아빠를 따라나섰다.
그런데 세 사람이 골목 어귀에 이르렀을 때, 전자제품 가게의
셔터가 내려져 있는 것이 보였다.

　"이상하네! 내 기억에 이 가게는 음력 설 연휴를 빼고는 문을
닫은 적이 없는데!"

　아빠가 의아해하며 말했다. 세 사람은 할 수 없이 길을 걸으
면서 어디로 가서 선물을 사야 할지 의논했다. 그때 전자제품

가게의 사장 부부가 그들 앞쪽에서 천천히 걸어오고 있는 것이 보였다. 명설은 매우 피곤한 표정의 소 사장님을 소 씨 부인이 부축해서 오고 있는 모습을 눈여겨보았다. 아빠는 반가워하며 그들 부부에게 말을 건넸다.

"이거 참 잘 됐네요. 저희가 마침 선물로 보낼 가전제품을 사려던 중이었거든요. 그런데 오늘 영업을 안 하시더라고요."

소 씨 부인은 미안한 표정을 지으며 말했다.

"죄송해요, 저희 남편이 좀 아파서요. 지금 이 사람 데리고 병원에 다녀오는 길입니다."

"그렇군요. 소 사장님이 편찮으신 줄 몰랐어요. 많이 아프신가요?"

엄마가 조심스럽게 물었다.

"저도 잘 모르겠어요. 의사가 혈액 배양 검사(채취한 혈액에 미생물을 배양하여 혈액 감염 여부를 확인하는 검사—옮긴이)를 해야 한다고 했거든요. 며칠 지나야 아픈 이유를 알 수 있을 것 같아요."

소 씨 부인은 걱정스러운 듯 대답했다.

"그래요? 그럼 오늘은 번거롭게 하면 안 되겠군요."

아빠가 말했다. 그러자 소 씨 부인이 얼른 답했다.

"아닙니다. 의사가 처방해 준 약이 있으니 그 약을 먹으면 돼요. 저희도 원래 병원 갔다 와서 가게 문을 열려고 했어요. 저희와 함께 가게로 가서 필요한 물건을 고르세요!"

그때 명설은 소 사장의 왼팔에 지름 2센티미터의 둥글고 검은 딱지가 있는 것을 보았다. 딱지 바깥쪽으로 갈색 테두리도 보였는데, 마치 요오드팅크(아이오딘과 아이오딘화 칼륨 따위를 알코올에 녹인 갈색 용액으로 소독에 쓰거나 진통, 소염에 씀—옮긴이)를 바른 흔적 같았다. 명설은 소 사장이 그 검은 딱지 때문에 병원에 간 것인지 궁금했다. 그런 딱지가 낯이 익은데 어디서 봤는지, 또 그게 어떤 병에 걸렸음을 의미하는지는 도무지 생각나지 않았다.

소 씨 부인은 리모컨으로 셔터를 열고 가게 불을 켠 다음, 남편을 부축해 방에 들어가 눕혔다. 그러고는 다시 가게로 나와서 명설 엄마를 불러 가전제품을 고르게 했다. 엄마는 곧바로 액정 텔레비전을 하나 골라 비용을 지불하고 조카의 새집 주소를 소 씨 부인에게 말해주었다. 엄마는 당부의 말도 잊지 않았다.

"이 주소로 직접 배송해서 설치해 주세요. 테스트해서 문제가 없으면 될 것 같아요."

"그럼요, 당연하죠. 저희 가게 서비스는 사모님도 잘 아시잖아요. 그렇게 하지 않으면 저희가 계속 장사를 할 수 없죠. 안 그래요?"

소 씨 부인은 한숨을 내쉬더니 뒤이어 말했다.

"특히 지난달에 그런 일이 있고 나서는 텔레비전을 설치할 때

더욱 신중하게 한답니다."

"그런 일이라뇨? 지난달에 무슨 일이 있었는데요?"

아빠가 영문을 몰라 물었다. 소 씨 부인은 또다시 한숨을 내쉬었다.

"어휴, 두 달 전에 어떤 손님이 저희 가게에서 텔레비전을 한 대 샀어요. 오늘 사모님이 고른 것과 똑같은 모델이었죠. 당시 저희는 약속대로 배달하고 설치도 해드렸어요. 모든 것이 순조로웠어요. 그런데 지난달에 경찰이 갑자기 저희더러 경찰서로 출두하라고 통보를 하지 뭐예요! 텔레비전 설치 과정에 문제가 있는지 의심된다면서요…."

사정은 이랬다. 당시 그 손님은 텔레비전을 나무 서랍장 위에 설치해 달라고 했다. 그래서 소 사장은 손님의 요구에 따라 설치를 끝마쳤다. 이에 손님이 아주 만족하며 서류에 서명하고 잔금을 지불하자 소 사장은 곧바로 그곳을 떠났다.

그런데 소 사장은 그 집에 세 살배기 딸이 있으며 텔레비전을 설치한 나무 서랍장에 총 다섯 개의 서랍이 있는데 그중 맨 위 칸에 딸의 장난감이 들어 있다는 사실을 전혀 몰랐다.

사고가 일어난 날 저녁, 어른들이 부엌에서 저녁을 준비하는 동안 어린 딸은 거실에서 혼자 놀고 있었다. 그런데 갑자기 쿵 하는 소리가 요란하게 나기에 어른들이 급히 거실로 나가보니,

서랍장은 넘어져 있고 텔레비전도 앞으로 엎어져 어린 딸의 몸을 누르고 있었다. 아빠는 급히 딸을 데리고 병원으로 갔지만 불행히도 아이는 하루 뒤에 죽고 말았다.

그 때문에 경찰은 부모의 보살핌에 소홀함이 없었는지 조사하는 동시에, 애초에 텔레비전을 설치한 사람에게 잘못은 없는지 조사할 방침이었다. 그래서 소 사장이 경찰 조사를 받게 된 것이었다.

이야기를 나누고 있는 그때, 소 사장이 비틀거리면서 방에서 걸어 나왔다. 소 씨 부인은 급히 다가가 남편을 부축해 의자에 앉혔다.

"아픈데 방에 누워 있지, 왜 나와요?"

"괜찮아. 독감 증상이 좀 있을 뿐 심하지 않아. 사모님께 알려 드릴 게 있어서 나왔어요. 아무래도 저 텔레비전은 며칠 뒤에나 배달이 가능할 것 같습니다."

엄마가 손을 휘휘 저으며 말했다.

"네, 괜찮아요. 급하지 않아요. 저희 조카는 2주 후에 새집으로 이사를 가거든요. 사장님도 금방 나을 거예요. 정 안 되면 저희가 택배회사를 따로 찾아볼게요."

"아닙니다! 부득이한 경우가 아니면 앞으로 이런 대형 가전제품은 저희가 직접 운송하고 설치하려고요. 저희는 성실한 사람들이라 지금까지 경찰에게 범인 취급을 받아본 적이 없이 살아왔는데, 이번에 조사를 받아 보니 정말 힘들더군요. 경찰의 심문을 받는 것은 물론이고, 사고 현장까지 끌려가 텔레비전 설치 과정을 그대로 재연해야 했답니다. 경찰 측에서는 텔레비전을 설치한 위치가 튼튼한지, 전원 선과 안테나의 접선이 제대로 되었는지 등을 집중적으로 추궁했어요. 텔레비전을 똑바로 설치하지 않아서 사고가 났는지, 아니면 아이에게 전선이 감겨서 벌어진 일은 아닌지 알아내려고 하더군요. 아시다시피, 그 손님은 이제 막 딸을 잃어 슬픔에 잠겨 있었어요. 그래서 경찰이 저를 그 집으로 데려가자, 다짜고짜 저에게 모든 책임을 떠넘기려 하더라고요. 제가 설치를 제대로 안 해서 자기 딸이 죽었다고요. 다행히 제가 대형 가전제품을 설치할 때마다 사진을 찍어 두는데, 경찰이 제가 제공한 사진을 보고는 특별히 실수한 것이 없다는 사실을 확인하고는 저를 돌려보냈답니다."

"사장님께서 잘못한 것이 없다면 누구에게 잘못이 있었나요?"

아빠가 궁금해 하며 물었다.

"경찰 측은 어린아이가 서랍장 맨 위 서랍 안에 있는 장난감을 꺼내려고 거기 매달렸다가 그만 서랍장이 앞으로 넘어지면서 사고가 난 것으로 최종 판단하고 사건을 마무리 지었습니다."

가게 안은 침묵에 잠겼고, 불행한 사고 이야기에 모두 마음이 무거웠다. 그때 명설이 분위기를 바꾸려고 소 사장에게 물었다.

"아저씨, 방금 독감 증상이 조금 있다고 하셨는데 의사 선생님이 독감이라고 했어요?"

"휴! 그건 아니야."

소 사장은 한숨을 내쉬었다.

"몸이 좀 안 좋아서 난 그냥 감기인 줄 알고 약국에 가서 약을 사 먹었는데, 별로 효과가 없었어. 그러자 아내가 그러더구나. 이렇게 오랫동안 낫지 않는 감기는 없다고 말이야. 그러면서 기어코 나를 데리고 병원에 가서 진찰받게 했어."

"아주머니 말씀이 맞아요. 감기와 독감은 많이 달라요. 감기는 보통 약을 먹지 않아도 저절로 낫지만, 독감은 다르다고요. 잘못하면 죽을 수도 있어요!"

엄마는 혼자 병을 단정 짓고 약을 사 먹는 소 사장의 행동을 옳지 않다고 생각했다.

"아무래도 병원에 가서 의사에게 진찰을 받는 게 좋죠. 어차피 요즘에는 빠르게 선별하는 방법이 있어서 독감인지 아닌지 금방 알잖아요."

"하지만 의사는 선별 검사조차 하지 않았어요. 제 팔에 있는 딱지를 보자마자 독감이 아니라고 하더군요. 의사 말로는 딱지를 보니 쯔쯔가무시병이 제일 먼저 의심된다고 했어요."

아빠는 명설이 궁금해 하는 것 같아 쯔쯔가무시병에 대해 설명하기 시작했다.

"쯔쯔가무시는 보통 흙이나 풀자락에서 자라는 진드기야. 쯔쯔가무시에 물리면 감기와 유사한 증상이 나타나기 때문에 잘못 생각하기 쉽지. 의사는 일반적으로 환자의 몸에서 딱지를 찾아내야 쯔쯔가무시병인지 아닌지를 판단할 수 있어."

소 씨 부인이 물었다.

"쯔쯔가무시병에 대해서 어떻게 그렇게 잘 아세요?"

"저희 학생 중 하나가 야외 활동을 좋아해서 등산이나 크로스 컨트리 등을 자주 해요. 한번은 그 학생이 며칠 동안 고열에 시달렸는데, 의사가 아무리 검사해 봐도 병의 원인을 알 수 없어서 중환자실로 보냈어요. 그 학생도 자신이 그렇게 죽는 줄로만 알았대요."

그 말에 명설은 '쯔쯔가무시병이 상당히 무서운 병이구나'라고 생각했다. 옛날 사람들이 안부를 물을 때 썼던 '별래무양別來無恙'이라는 말에 독충, 진드기를 뜻하는 '양恙'자가 들어가는 이유를 알 것 같았다.

아빠가 계속해서 말했다.

"그런데 중환자실에서 의료진이 그 학생에게 환자복을 갈아 입힐 때 뜻밖에도 아랫배와 접한 넓적다리의 주변에 작은 딱지가 있는 것을 발견하고는 급히 의사에게 알렸어요. 의사는 그 딱지를 보고 쯔쯔가무시병일 가능성이 있다고 판단하고 그 병을 치료하는 약을 투여했지요. 그러자 그날 바로 열이 내렸고 며칠 후에는 퇴원할 수 있었어요. 증상에 맞게 약을 처방받으면 되니까 너무 걱정할 필요 없어요!"

그러자 소 사장이 말했다.

"의사도 저에게 최근에 야외로 놀러 갔거나 등산을 간 적 있냐고 물어보더군요. 하지만 장사 때문에 바쁜데 그런 한가한 시간이 어디 있겠어요? 그렇게 말하자 의사는 고개를 내저으며 제가 쯔쯔가무시병은 아닐 거라고 하더군요."

"의사 말로는 이런 딱지가 생기는 경우는 쯔쯔가무시병 외에도 야토병, 탄저병, 반점열, 리케차병, 서교증, 괴저성 종기일 수 있고, 거미 물림이나 혈관염일 수도 있다고 했어요."

소 씨 부인은 의사가 의심하는 병명이 적힌 종이를 보면서 쓴웃음을 지으며 말했다.

"의사가 병명을 잔뜩 늘어놓는데 제가 그걸 다 어떻게 기억하겠어요. 그래서 이렇게 적어달라고 했어요."

명설은 종이에 적힌 여러 병명에 대해 자세히 알지는 못했지만, 그중 탄저병이 포함되어 있다는 것에 주목했다. 미국에서는

2001년 9·11테러 이후 일주일간 탄저균이 들어 있는 편지를 받은 사람이 많았는데, 그들 가운데는 각종 언론 매체와 참의원이 포함되어 있었다. 그 결과 5명이 사망하고 17명이 감염된 적이 있었다. 당시 민심이 흉흉했고, 수사당국은 속수무책이었다. 생물 선생님은 수업 시간에 당시 상황을 말해주며 생화학 무기의 무서움에 대해 설명했었다.

소 씨 부인이 이어서 말했다.

"아무튼 지금은 혈액 배양 검사 결과를 기다려봐야 진짜 병명을 알 수 있을 것 같아요."

정확한 병명을 모르는 환자에게 의사가 어떻게 약을 처방할지 명설은 몹시 궁금했다.

"혹시 약봉지를 잠시 보여주실 수 있으세요?"

"응, 여기 있어."

소 씨 부인은 가방에서 약봉지를 꺼내어 명설에게 건넸다. 명설이 살펴보니 약 이름이 적힌 칸에는 자신도 잘 모르는 영문이 적혀 있고 그 뒤에 '항생제'라는 세 글자가 덧붙여져 있었다. 명설은 쯔쯔가무시병이나 탄저병은 항생제로 치료해야 하며 일단 그 병이 의심되면 혈액 배양 검사 결과를 기다리지 말고 되도록 빨리 약을 투여해야 한다던 선생님의 말씀을 떠올렸다. 명설은 의사가 쓴 쪽지를 들고 곰곰이 생각해 보았다. 진드기에 물려 생기는 쯔쯔가무시병과 리케차병, 토끼류나 설치류 등에 많은 야토균에 감염되어 걸리는 야토병, 쥐에 물려 전염되는 서교증, 거미 물림 모두 동물과 관련된 병이었다.

하지만 소 사장은 야외에 나간 적이 없으니 그런 병을 얻을 이유가 없었다. 그렇다면 탄저병일까? 2001년에 미국에서 있었던 일처럼 누군가가 탄저균을 봉투에 넣어 테러하려던 것일까? 하지만 이렇게 평범한 전자제품 가게를 그런 무시무시한 생화학 무기로 공격할 이유가 없지 않은가. 명설이 그런 의심을 한다면 사람들은 오히려 생각이 지나치다고 비웃을지도 모를 일이었다.

명설은 몇 분 동안 속으로 고민하다가 결국 참지 못하고 물었다.

"아주머니, 아저씨, 혹시 1~2주 전에 어떤 이상한 편지를 받은 적 없나요?"

명설은 생물 선생님이 탄저병의 잠복기가 1~10일로 평균 5일 정도이며 편지를 받고 증상이 나타나기까지는 시간이 좀 걸린다고 말한 기억이 떠올라 그렇게 물었다.

"있어! 그걸 네가 어떻게 아니?"

소 사장은 깜짝 놀라 물었다.

"한 열흘 전인가? 영어가 적힌 쪽지가 들어 있는 이상한 편지를 받았어. 영어도 모르는 나한테 왜 그런 편지가 왔는지 모르 겠어."

뜻밖에도 수상한 편지가 진짜로 있었다!

"그 편지 아직 가지고 있나요?"

"응! 하도 이상해서 뒀지. 난 잘 몰라서 일단 여기 넣어두었 어. 어휴, 영어를 잘 알면 무슨 내용인지 좀 봐줘."

소 사장은 서랍을 열고 손을 뻗어 이상한 편지를 찾으려고 뒤 적거렸다. 명설이 급히 소리쳤다.

"안 돼요! 일단 그 편지는 꺼내지 마세요."

명설은 뒤돌아서 아빠에게 부탁했다.

"아빠, 근처 약국에 가서 마스크 한 통과 고무장갑을 사다 주 세요."

아빠는 곤혹스러웠지만 명설의 표정이 하도 진지해서 딸의 말대로 필요한 물건을 사러 갔다. 명설은 엄마에게도 말했다.

"엄마는 아주머니와 함께 가게 밖으로 나가 계세요. 아빠 외 에는 아무도 못 들어오게 하시고요."

"왜?"

"아무래도 그 편지 때문에 사장님이 아프신 것 같아요."

소 씨 부인이 물었다.

"그렇게 무서운 거야?"

"좀 의심스러워서 그래요. 편지에 어떤 내용이 적혀 있는지 보면 알겠죠. 그래도 혹시나 감염되면 안 되니까 두 분은 밖으로 나가시고 다른 사람들도 들어오지 못하게 해주세요."

두 사람은 곧바로 가게 밖으로 나갔다. 소 씨 부인은 아예 리모컨으로 셔터를 절반 정도 내려서 상황을 모르는 사람이 갑자기 들어가지 못하도록 했다.

아빠는 서둘러 마스크와 고무장갑을 사 와서 가게 안으로 들어갔다. 명설은 아빠도 가게 밖으로 나가라고 했다. 그러자 아빠가 걱정을 가득 담아 말했다.

"아빠도 여기 남아서 그 편지에 뭐라고 적혀 있는지 봐줄게."

명설은 고개를 끄덕였다. 아빠라면 그 이상한 편지의 내용을 읽을 수 있을지도 모른다는 생각이 들어서였다.

세 사람이 모두 마스크와 고무장갑을 낀 뒤에야 명설은 소 사장에게 편지를 꺼내라고 손짓했다. 명설은 고무장갑을 낀 손으로 편지를 건네받아 편지 봉투부터 살펴보았다. 그것은 평범한 표준 봉투였고, 밀봉을 위해 꼼꼼하게 붙여 놓은 테이프를 소 사장이 가위로 자른 상태였다. 봉투 겉면에는 보내는 사람의 주소가 적혀 있지 않고 받는 사람의 주소만 적혀 있었다. 받는 사람은 전자제품 가게의 상호였다. 사람이 직접 쓴 게 아니라 컴퓨터로 인쇄된 글씨였다. 편지 봉투 왼쪽 상단에는 소인도 찍혀 있었다. 이 지역과는 상당히 떨어져 있는 지역에서 보낸 것이었다.

명설은 조심스럽게 안에 있는 쪽지를 꺼냈다. 봉투와 똑같이 컴퓨터로 인쇄된 글자들이 다음과 같이 적혀 있었다.

"AAA ATT TTA TTG GAA CGT!"

명설은 이것이 영어는 확실히 아니라고 생각했다. 그렇다면 무슨 문자일까? 그녀는 편지를 아빠에게 보여주며 말했다.

"이건 어느 나라 말일까요?"

아빠는 글자를 보고 난 후 고개를 내저었다.

"잘 모르겠구나. 게다가 정상적인 언어는 아닌 것 같아. 자모의 종류가 너무 적잖아. A, T, G, C 네 가지뿐이야!"

아빠의 말이 끝나자마자 두 사람은 동시에 깨달았다.

"그건 DNA 염기잖아!"

세포는 유전물질(DNA 혹은 전령 RNA)에서 편집된 정보를 단백질로 번역한다. DNA나 RNA는 모두 뉴클레오타이드라는 단위체가 모여 이루어진 것으로, 매 뉴클레오타이드마다 염기가 하나씩 있다. DNA에는 총 네 가지 염기가 있는데, 바로 아데닌(A), 티민(T), 구아닌(G) 그리고 사이토신(C)이다.

아빠가 목소리를 높였다.

"또 다른 의문점은 세 개의 자모가 하나를 이룬다는 것인데,

세계 어느 나라의 언어도 이런 건 없어."

"3개의 염기가 하나를 이룬다? 이게 뭐였더라?"

이 말을 계속해서 중얼거리던 명설은 몇 분 지난 뒤 갑자기 뭔가를 깨닫고 이렇게 말했다.

"알았어요. 이건 코돈이에요."

코돈이란 3개의 뉴클레오타이드로 이루어진 염기 서열을 말하는데, 단백질 합성 과정에서 이 코돈에 의해 어떤 종류의 아미노산을 더해야 하는지가 결정된다. 아미노산은 총 20종이 존재하며, 개시 코돈과 종결 코돈 두 가지 지령을 더해 단지 20개의 지령만 있으면 충분하다. 하지만 중복이 가능한 상황에서 네 개의 알파벳으로 세 자리 알파벳 코돈을 구성할 때 나타날 수 있는 배열은 4×4×4로 총 64종이라서 필요한 지령의 수를 초과한다. 그래서 코돈이 달라도 동일한 지령이 내려지는 상황이 발생할 수 있다.

명설은 급히 휴대전화로 인터넷에 접속해 DNA 코돈표를 찾아냈다. 검색 결과, AAA에 대응하는 것은 라이신(K)이고, ATT에 대응하는 것은 아이소루신(I), TTA와 TTG에 대응하는 것은 류신(L), GAA에 대응하는 것은 글루탐산(E), CGT에 대응하는 것은 아르기닌(R)이라는 것을 알아냈다. 종합해 보면 쪽지에 적힌 문장에 대응하는 영어 단어는 KILLER(킬러)! 그러니까 가게를 테러하려고 한 자가 킬러라는 뜻이었다!

'그렇다면 설마…? 그래, 틀림없어!'

명설은 생각했다. 편지 봉투를 테이프로 단단히 밀봉한 것은 안에 들어 있는 배달 도중에 세균이나 포자가 새어 나오지 못하도록 하기 위해서고, 일부러 먼 곳에서 편지를 부친 이유는 경찰의 추적을 피하기 위해서였다. 그리고 코돈으로 대응되는 문자를 이용해 수신자를 저주한 것은 자신의 불만을 표출하기 위해서였다.

명설은 급히 휴대전화로 형사반장 이웅에게 전화를 걸었다.

"이웅 아저씨, 혹시 지난달에 여자아이가 텔레비전에 깔려 사망한 사건을 조사한 적이 있나요?"

이웅이 말했다.

"있어! 내가 담당했는데, 결국은 사고로 종결되었고 아무도 기소되지 않았어!"

명설이 더 나아가 물었다.

"그 아이의 아빠는 어떤 사람이었나요?"

"군대 생물학자야!"

아하! 생물학을 잘 아는 사람이니 DNA 코돈을 이용해 편지를 쓸 수 있었을 테고 탄저균의 포자를 구하는 것도 어렵지 않았을 것이다.

"그런데 그건 왜 묻니?"

이웅은 명설이 갑자기 왜 그 사건에 대해 묻는지 영문을 알수 없었다.

"이웅 아저씨, 아무래도 그 사건의 부모가 생화학 무기로 텔레비전 가게 사장을 테러하려던 것 같아요. 그러니까 즉시 그사람의 실험실로 가서 생화학 무기로 사용될 수 있는 균종이 있는지 조사해 보세요. 그리고 지안 감식관님에게도 이곳으로 와서 조사해 달라고 말해주시고요. 이곳에 병원성 세균이나 포자가 있을 수 있으므로 반드시 보호복을 착용하라고 해주세요."

그날 오후, 지안은 명설에게 전화를 걸어 조사 결과를 알려주었다.

"편지 봉투 속에서 탄저균 포자를 찾아냈어. 탄저병은 숯처럼 까맣게 탄 듯한 흉터를 만들기 때문에 붙여진 이름인데, 네가소 씨의 딱지를 보고 탄저병을 떠올린 것은 옳은 추리였어. 소씨는 운이 좋았어. 포자가 그의 피부에 난 상처를 통해 체내에들어갔거든. 그런 감염 방식은 치명적이지 않아. 항생제만 잘복용하면 완치될 수 있지. 호흡을 통해 폐로 들어가 감염되었다면 치사율이 높아서 입원 치료를 해도 죽는 경우가 많단다."

"편지를 보낸 부모는요?"

"아, 그 사람은 딸을 잃은 슬픔 때문에 오랫동안 힘들어하다가 결국 탄저균 포자를 넣은 편지를 출장 가는 길에 부쳤지."

"그가 범행을 시인했나요?"

"시인하지 않을 수 없었지. 실험실에서 탄저균이 들어 있는 시험관을 찾아냈는데 균주를 대조한 결과 편지 봉투에 들어 있던 것과 같았거든."

명설은 그 소식을 들은 후 곧바로 전자제품 가게의 소 사장에게 전했다.

"아저씨를 아프게 만든 사람은 체포되었으니 안심하세요. 약만 잘 챙겨 드시면 아저씨 병은 곧 나을 거예요."

그러면서 마지막으로 한마디 더 덧붙였다.

"아 참! 다 나으신 뒤에 사촌 언니 텔레비전을 설치하실 때는 반드시 벽에 고정하는 게 좋겠어요."

사건 너머의 과학

　　탄저균은 환경이 좋지 않을 때는 보통 휴면 상태의 포자(내포자라고 함)로 변해 토양에서 수년간 생존할 수 있다. 포자는 동물의 몸에 일단 들어가면 대량으로 번식하기 시작하여 결국 그 동물을 죽인다. 숙주의 양분이 고갈되면 탄저균은 다시 휴면 상태의 포자로 돌아간다.

　　인간은 피부, 폐, 장 혹은 주사를 통해 탄저병에 걸린다. 그 가운데 가장 위험한 것은 호흡을 통해 폐로 들어가는 감염 방식으로, 환자는 발열, 흉통, 호흡곤란 등의 증상을 보이며 심한 경우 사망에 이를 수 있다. 다행히 대다수의 환자가 피부로 감염되며, 본문 속 소 사장도 이 유형에 해당해 증상이 심하지 않았다.

다이아몬드로
용의자를 체포하라

어느 무더운 8월의 한낮, 덥수룩한 머리에 수염을 기르고 회색 티셔츠를 입은 젊은 남자가 배낭을 비스듬히 메고 골목에서 황급히 튀어나오다가 하마터면 명설과 부딪힐 뻔했다. 명설은 그 남자를 노려보았지만, 그는 사과 한마디 없이 앞에 있던 덤불을 훌쩍 뛰어넘었다. 그러다가 바짓가랑이가 덤불에 걸려 잠시 주춤거리더니 멈추지 않고 냅다 도망가 버렸다.

명설은 그 남자의 행동이 조금 수상했지만 깊이 생각하지 않고 바로 앞에 있는 패스트푸드 가게로 들어갔다. 여름방학을 보내고 있는 명설은 그곳에서 점심을 먹은 후 근처에 있는 지안 감식관님의 실험실에 가볼 생각이었다. 간 김에 감식 기술도 조금 배우면 좋을 것 같았다.

명설은 음식을 주문하고 계산을 한 뒤, 돈가스 덮밥 주문서를 주인에게 건넸다. 가게 주인은 주문서를 확인하고는 재빠르게 음식을 준비했다. 명설은 음식을 받아 들고 한쪽 테이블에 올려놓은 뒤, 한 무리의 건설 인부들과 함께 식사를 했다. 그런데 얼마 먹지도 않았을 때 어떤 키 작은 여인이 가게로 들어와서는 큰 소리로 외쳤다.

"아이고, 누가 가게 뒤쪽 벽에 페인트칠을 해놨어요!"

그 말에 사장은 급히 손에 들고 있던 음식을 내려놓고 여인의 안내에 따라 뒷골목으로 상황을 살펴보러 갔다. 몇 분 뒤, 사장은 욕을 하면서 가게로 돌아와 경찰에 곧바로 신고했다. 가게 단골손님처럼 보이는 건설 인부들이 관심을 보이며 장난스럽게 물었다.

"벽이 어떻게 되어 있던가요? 사장님이 그렇게 화를 내는 걸 보니 신용정보회사에서 빨간 줄이라도 그어놓은 모양이군요?"

가뜩이나 화가 난 사장은 그 말에 더욱 발끈해서 말했다.

"신용정보회사는 무슨? 우리 가게는 장사가 잘돼서 빚 같은 거 없어요!"

"아니, 그러면 어떻게 해놨는데요?"

다른 손님이 궁금해서 물었다. 사장은 고개를 저으며 말했다.

"묻지 마세요! 기분 상하니까."

그러자 사람들이 더 궁금해 했다. 결국 명설과 같은 테이블에 있던 건설 인부들은 자리에서 일어나 가게 뒤편으로 우르르 달려가 보았다. 명설은 그들을 따라가지 않고 그저 밥을 열심히 먹었다. 잠시 뒤 건설 인부들이 떠들썩하게 돌아왔다.

"'고기를 먹는 건 폭력 행위다'라고 적어놨더군!"

"그럼 채식주의자가 쓴 건가?"

인부들은 원래 자리로 돌아가 수군거렸고 손님들은 갑자기 입맛이라도 잃었는지 반쯤 먹은 음식을 내려놓고 분분히 자리를 떴다. 접시에 담긴 고기를 보던 명설도 덩달아 식욕이 사라졌다. 명설은 함께 받은 야채수프만 다 마시고는 식당을 나가 뒤편에 있는 벽으로 가보았다.

붉은 페인트로 적힌 글자들은 제법 큼지막해서 벽의 절반이나 차지하고 있었고, 얼마나 다급하게 썼는지 글씨가 비뚤비뚤했다.

"명설! 네가 여긴 왜 있어?"

명설이 뒤를 돌아보니 지안과 형사반장 이웅이 함께 서 있었다. 지안은 가슴 앞쪽으로 카메라를 걸고 손에는 공구함을 든 채 증거를 찾으러 왔다.

"마침 여기서 점심을 먹고 있었는데 이런 일이 생길 줄 몰랐네요."

명설이 말했다.

"그런데 벽에 낙서가 된 건 사소한 일이고 아이들이 장난을
친 것일 수도 있는데, 이렇게 형사와 감식 전문가까지 동원해서
조사할 필요가 있나요?"

그러자 이웅이 정색하며 말했다.

"크든 작든 과격 동물보호단체가 벌인 일인지 염려가 돼서 말
이야."

지안은 카메라를 들고 벽면 전체를 찍은 후, 공구함에서 핀셋
을 꺼내어 붉은 페인트를 긁은 뒤 시험관에 넣었다. 명설은 옆
에서 그 모습을 조용히 지켜보았다. 조금 전까지 지안에게서 감
식 기술을 배우면 좋겠다고 생각했던 명설은 이렇게 빨리 형사
사건 현장을 목격하게 될 줄 몰랐다. 증거 수집이 끝난 지안이
뒤돌아보며 명설에게 물었다.

"실험실에 같이 가서 이 붉은 페인트를 어떻게 분석하는지 볼
래?"

"좋아요!"

명설이 부탁하기도 전에 지안이 먼저 그녀를 실험실로 초대
했다. 그들이 골목을 나서려고 할 때, 명설이 문득 무슨 생각이
났는지 패스트푸드 가게 앞 덤불에 쪼그리고 앉더니 열심히 그

곳을 살폈다. 이웅이 궁금해서 물었다

"너 뭘 보고 있어?"

명설은 덤불 끝에 붙어 있는 섬유 하나를 가리키며 지안에게
말했다.

"감식관님, 이 섬유는 페인트칠을 한 용의자가 남긴 것일 수
있으니 증거로 수집해 두시면 좋겠어요."

"이게 뭔데?"

"제가 방금 패스트푸드 가게에 들어오기 직전에 용의자와 부
딪힐 뻔했거든요. 그 남자는 저 때문에 길이 막히자 급하게 덤
불을 뛰어넘어갔어요. 그러다가 덤불에 바지 끝이 걸렸거든요."

명설은 그 사람의 생김새를 말해주었다.

"너무 급히 뛰어가서 좀 이상하다 했어요. 그 남자가 메고 있
던 배낭 속에 아마 페인트 통이 들어 있었을 거예요. 그가 용의
자라는 확신은 없지만, 암튼 이것 역시 그냥 지나치면 안 되는
증거예요."

이웅은 매우 기뻐하며 말했다.

"만약 네가 정말로 용의자를 목격했다면 사건 해결은 그리 어
렵지 않을 거다. 지금 바로 골목에 있는 CCTV를 조사해 봐야
겠어."

실험실로 돌아온 후, 지안은 원기둥 모양의 작은 용기를 하

나 꺼냈다. 겉모습은 마치 카메라 렌즈처럼 생겼는데, 반지름이 2센티미터에 불과했다. 지안은 용기를 열고 핀셋으로 조금 전 벽에서 긁어낸 붉은 페인트를 그 안에 넣었다. 그리고 기름을 한 방을 떨어뜨린 후 용기를 돌려 꽉 잠갔다. 명설은 궁금함을 참지 못하고 물었다.

"감식관님, 그건 무슨 장치예요?"

지안이 말했다.

"이건 다이아몬드 모루 장치란다."

"다이아몬드 모루?"

명설은 그런 이름을 들어본 적이 없었다.

"진짜 다이아몬드인가요?"

지안이 고개를 끄덕였다.

"맞아. 진짜 다이아몬드야. 하지만 일반적으로는 비용 절감을 위해 인공으로 합성된 다이아몬드를 사용하지."

다이아몬드는 탄소 원자로만 구성되어 있다. 탄소는 고온고압의 조건에서 다이아몬드가 되는데, 요즘은 인공적으로 다이아몬드를 제조할 수 있는 기술을 가지고 있다.

"이 다이아몬드 모루는 어디에 쓰여요?"

"이 용기의 위쪽과 아래쪽에는 다이아몬드가 있어. 우리는 검사할 샘플을 그 중간에 넣지. 오늘의 샘플은 페인트와 섬유야.

샘플을 잘 넣은 후에는 공기 틈을 없애기 위해 액체 상태의 알칸류 한 방울을 떨어뜨려. 그런 다음 꽉 잠그면 샘플은 두 개의 다이아몬드 사이에 끼게 돼. 다이아몬드는 매우 단단하기 때문에 높은 압력을 견딜 수 있어. 일반적으로 다이아몬드 모루는 샘플을 1,000억 파스칼(압력의 국제단위. 1파스칼은 제곱미터당 1뉴턴에 해당하는 압력—옮긴이)로 가압할 수 있어. 이것은 대기 압력의 100만 배나 돼. 그 후에 가시광선, X선, 적외선을 포함한 다양한 전자파를 다이아몬드에 통과시켜 샘플 분석을 진행하지."

지안은 장치를 조작하면서 설명했다.

"왜 그렇게 높은 압력이 필요한가요?"

"예를 들어 지구과학 같은 학과의 전문가는 지구 내부의 고온고압 상태를 시뮬레이션해야 할 때 이 다이아몬드 모루를 사용해. 우리가 지금 검사할 붉은 페인트와 섬유는 모두 불투명한 물질인데, 어떻게 빛을 통과시킬까? 최대한 얇게 눌러주면 돼! 다이아몬드 모루는 샘플을 1마이크론의 두께, 즉 100만 분의 1미터 정도로 얇게 누를 수 있어. 빛이 통과할 수 있을 정도로 얇아야 스펙트럼 분석을 할 수 있단다."

지안은 다이아몬드 모루를 분광기(빛의 스펙트럼을 분석하여 그 세기와 파장을 검사하는 장치—옮긴이)에 넣었다.

"혹시 다른 방법은 없나요?"

"다이아몬드 모루가 발명되기 전에는 이렇게 큰 압력에 도달하기 위해서 이런 실험실에는 도저히 놓을 수 없을 정도로 무게가 몇 톤에 달하는 수압 시스템을 사용해야 했어."

지안은 실험실을 둘러보며 계속 말했다.

"1946년에 노벨 물리학상을 받은 퍼시 윌리엄스 브리지먼은 두 개의 모루판으로 샘플을 집는 디자인을 최초로 설계했어. 당시 그가 사용한 재료는 텅스텐 카바이드였는데 수십억 파스칼의 압력을 견딜 수 있었지. 후에 재료가 다이아몬드로 바뀌었단다."

명설은 중학교에서 다이아몬드가 가장 단단한 물질이며 굴절률이 높은 물질이라 배웠다. 커팅된 다이아몬드가 눈부시게 빛나는 이유는 쏜 빛이 다이아몬드를 나가려고 할 때 전반사(한 매질에서 다른 매질로 빛을 쏘았을 때 빛이 굴절을 일으키며 통과하지 못하고 경계에서 완전히 반사되는 현상—옮긴이)로 투과가 안 되고 다이아몬드 내부에서 여러 번 왕복으로 반사해야 나갈 수 있기 때문이라는 것도 배웠다. 또 고등학교 선생님은 다이아몬드가 열전도성이 가장 좋은 원소라고 말씀하셨다. 요컨대 다이아몬드는 단순히 희소해서 비싼 것이 아니라 특별한 점을 지녔기에 비싼 것이다.

"그뿐만이 아니야. 다이아몬드는 대부분의 전자파, 즉 일반 사람들이 말하는 빛을 통과시킬 수 있어. 단 연질 X선과 같은 몇 개의 주파수대만 예외야. 그래서 다이아몬드 모루로 샘플을 단단히 고정한 후 스펙트럼 분석을 진행할 수 있어."

"연질 X선이 뭔가요?"

"에너지가 비교적 낮은 X선을 연질 X선이라고 해. 일반적으로 파장이 0.1에서 10나노미터인 것을 연질 X선이라고 한단다. 파장이 0.01에서 0.1나노미터인 것은 경질 X선이라고 해."

명설은 고개를 끄덕였다. 명설은 중학교에서 파장이 짧은 전자파일수록 에너지가 강하다고 배웠다. 그러니까 병원에서 쓰는 X선은 비교적 에너지가 강한 경질 X선이다. 그래서 선생님은 1년에 엑스레이 검사를 너무 많이 할 수 없으며 임산부도 엑스레이를 찍으면 안 된다고 했다. 에너지가 너무 높아서 태아에 해를 끼칠 수 있기 때문이다.

지안은 붉은 페인트의 스펙트럼 분석을 마친 다음, 덤불에서 채취한 섬유를 다시 페인트 검사 때와 마찬가지로 다이아몬드 모루에 넣어 분석했다. 데이터 수집이 끝난 후 지안이 설명했다.

"시중에 판매되는 페인트 정보들은 우리가 평소에 파일로 만들어 보관하고 있어서 자료실에서 대조하면 페인트 상표명을 알 수 있어. 그리고 이 섬유는 말이야, 용의자를 잡고 난 뒤에 그의 몸이나 옷장 속의 옷감과 대조해 봐야 해."

남은 일은 지루한 비교 대조 업무로 컴퓨터에 맡기면 되었다. 명설은 다이아몬드 모루의 용도와 원리를 배워서 수확이 많았다고 생각하면서 지안과 작별했다.

집에 도착해 거실로 막 들어섰을 때, 명설은 어떤 목소리 큰 여성과 엄마가 나누는 대화 소리를 듣고서 엄마의 '귀부인' 친구인 오 씨 아주머니가 왔다는 것을 알았다.

오 씨 아주머니의 대화 주제는 늘 한결같았다. 주로 자신이 카드로 얼마를 썼는지, 또 어떤 사치품을 샀는지 등을 자랑하는 것이었다. 아니나 다를까 오 씨 아주머니는 최근에 산 다이아몬드 이야기를 하고 있었다.

"이것 좀 봐, 얼마나 예뻐. 겨우 삼천만 원밖에 안 들었어…."

명설이 들어오는 것을 본 오 씨 아주머니는 청중이 한 명 더 늘어난 것에 매우 기뻐했다.

"이리 와보렴, 명설아. 내가 새로 산 다이아몬드가 얼마나 예쁜지 봐. 일단 오늘은 다이아몬드만 감상해. 내일 금은방에 가서 이걸 반지에 박아달라고 할 거니까."

아주머니는 그러면서 다이아몬드를 명설에게 내밀었다. 명설은 마지못해 다이아몬드를 받아 들고는 자세히 들여다보았다. 멋지게 커팅된 다이아몬드는 수정처럼 맑고 투명해서 확실히 아름다웠다. 관심 있게 보고 있다는 표시를 내기 위해서 명설은 수업 시간에 선생님이 설명해 준 다이아몬드 성질을 참고해서 몇 가지를 테스트해 보기로 했다.

명설은 우선 다이아몬드에 대고 입김을 불어보았다. 그러자 다이아몬드 위에 뿌연 김이 서렸다가 몇 초가 지난 뒤에야 사라졌다. 순간 명설은 속으로 왠지 조금 불안했다. 이어서 명설은 다이아몬드 위쪽의 평평한 면을 신문에 대고는 그곳을 통해 신문에 적힌 글자를 보았다. 글자가 뒤틀리고 희미하게 보였다. 마지막으로 명설은 펜으로 신문지 여백에 검은 점을 그린 다음, 다이아몬드를 검은 점 위로 옮겨 보았다. 점이 확대되어 보였다.

오 씨 아주머니는 명설이 다이아몬드를 감상하는 것이 아니라 실험이라도 하는 것처럼 보이자 초조해하면서 다이아몬드를 다시 돌려달라고 했다.

"너 지금 뭐 하는 거니?"

명설은 조금 난처해 하며 사실을 말해야 할지 말아야 할지 주저했다. 엄마가 명설을 재촉했다.

"아주머니가 묻잖아. 왜 대답을 안 해?"

명설이 용기 내어 말했다.

"아주머니, 이 다이아몬드, 혹시 전문가 감정은 받으셨어요?"

"전문가? 나한테 이걸 판 사람이 바로 보석 전문가야! 그 사람이 이게 엄청 높은 등급의 다이아몬드라는 걸 보장한다고 내게 몇 번이나 말했어."

오 씨 아주머니가 큰 소리로 말했다. 명설은 난처한 웃음을 지었다.

"아주머니, 이렇게 비싼 물건은 공정한 제삼자를 찾아서 검증받은 뒤에 돈을 지불하시는 게 안전해요."

"무슨 문제라도 있니?"

"네! 다이아몬드는 열전도성이 가장 높은 물질이라 방열이 매우 빨라요. 그래서 다이아몬드에 입김을 불어 넣으면 김이 서리지 않아야 해요. 설령 서린다 해도 1~2초 이내에 사라져야 하죠."

명설은 의심스러운 점을 말했다.

"또 다이아몬드는 굴절률이 매우 높은 물질이에요. 다이아몬드를 글자나 점 위에 평평하게 놓으면 원래의 글자와 점을 볼 수 없어요. 그런데 아주머니가 산 이 다이아몬드는 그 두 가지 테스트를 통과하지 못했어요."

그 말에 오 씨 아주머니는 다이아몬드를 가방에 챙겨 넣고는 화를 내며 벌떡 일어섰다.

"넌 도구 하나 안 쓰고도 이 다이아몬드가 가짜라고 하는구나. 흥, 참 대단하다!"

그러자 명설이 급히 해명했다.

"이렇게 간단히 검사하는 게 정확하지 않다는 건 저도 인정해요. 그러니까 전문가를 찾아서 제대로 확인하는 게 안전하다고 알려드린 거예요."

오 씨 아주머니는 명설은 설명을 다 듣지도 않고 뒤돌아 나가 버렸다. 엄마와 명설은 서로 얼굴만 쳐다보았다. 명설은 괴로워 하며 말했다.

"엄마, 죄송해요. 제 조언이 아주머니를 기분 나쁘게 할 줄은 몰랐어요."

엄마는 쓴웃음을 지으며 말했다.

"괜찮아. 오 씨 아주머니는 성격이 시원시원하고 악의가 없단 다. 그런 성격이 아니었으면 그녀와 친구가 되지 않았을 거야. 네 말이 옳다는 걸 아주머니가 알게 되면 나중에 분명히 너에게 감사할 거야. 그러니 너무 걱정하지 마. 식사 준비할 테니까 우 리 30분 후에 밥 먹자."

얼마 지나지 않아, 아빠와 동생도 집으로 돌아왔다. 저녁 식 사 시간에 명설은 낮에 패스트푸드 가게에서 있었던 페인트 사 건에 관해 이야기했다. 가족들은 모두 동물을 사랑하는 것이 옳 으며 채식을 하는 것은 건강해질 뿐만 아니라 환경보호도 되지 만, 그 방법이 과격해서 조금은 무섭다고 말했다.

식사 후에 명설은 이웅의 전화를 받았다.

"사건이 해결됐어. 네 진술을 토대로 길거리 CCTV에서 용의 자를 찾았는데, 그의 집에 있던 스프레이 페인트와 바지 옷감이 현장에서 수집한 증거물과 모두 일치했어. 다행히 이번 사건은 그의 단독 범행이었고 조직적으로 이루어진 일은 아니었어."

명설은 수화기를 내려놓자마자 또다시 전화벨이 울렸다. 이번에는 오 씨 아주머니였다.

"명설아! 아까는 아주머니가 미안했어. 너희 집에서 나온 뒤에 감정소를 찾아가서 다이아몬드 감정을 받았거든. 감정사들이 정밀 도구로 검사한 결과 가짜라고 해서 경찰에 곧바로 신고했단다. 너 나한테 화 안 났지? 일깨워줘서 정말 고맙구나. 그 보답으로 내가 내일 백화점 VIP 룸에서 디저트를 대접할게."

"고마워요, 아주머니. 하지만 내일은 약속이 있어요."

"그럼 너희 엄마라도 초대해야겠다. 엄마 좀 바꿔줄래?"

그러자 엄마가 멀리서 전화기에 대고 소리쳤다.

"나도 다 들었어. 네 목소리가 하도 커서 우리 가족 모두 다 들었지."

그 말에 모두가 큰 소리로 웃었다.

사건 너머의 과학

다이아몬드는 매우 독특한 성질을 많이 가지고 있다. 일단 경도가 가장 높은 물질이다. 그래서 유리를 자르는 칼날, 석유를 채굴하는 드릴, 초기 전축의 바늘 끝을 모두 다이아몬드로 만들었다.

본문에서 소개한 다이아몬드 모루도 다이아몬드의 높은 경도를 이용한 것이다. 다이아몬드는 그물망 구조로 수천 도의 고온을 견딜 수 있다. 다이아몬드는 굴절률이 높아서 광채가 눈부시다. 다이아몬드는 열전도율도 가장 좋다.

약물로 훔친
시계

국경절 연휴를 맞아 명설 가족은 여행을 떠나기로 했다. 아빠가 차를 몰고 도로를 달리자, 차들이 점점 줄어들고 푸르른 나무들이 양쪽으로 점점 많아졌다. 명설이 편안한 마음으로 길가 풍경을 감상하려고 하는데, 갑자기 아빠의 한숨 소리가 들렸다. 엄마가 물었다.

"왜 그래요?"

아빠는 턱을 치켜들며 말했다.

"저기 저 앞에 있는 차를 봐. 운전사가 술에 취한 거 아닐까?"

엄마, 명설, 명안은 모두 몸을 곧게 펴고 앞쪽을 내다보았다. 과연 앞에 가는 은색 승용차가 좌우로 왔다 갔다 하면서 도로

위를 비틀비틀 달리고 있었다.

엄마가 아빠에게 주의를 주었다.

"속도를 늦춰요. 저 차와 거리를 두는 게 좋겠어요."

명설은 한숨을 내쉬며 말했다.

"저 차 뒤에 가는 우리는 그나마 안전한데, 맞은편에서 오는 차는 너무 위험하겠어요. 혹시라도 조심하지 못해 충돌한다면 그 결과는 상상조차 못할 정도로 끔찍할 거예요."

엄마는 걱정하며 말했다.

"그럼 어떡하지? 아무래도 경찰에 신고해서 해결하는 게 좋겠구나."

명설은 엄마의 말을 듣고 휴대전화를 꺼내어 번호를 누르려고 했다. 그런데 눈 깜짝할 사이에 그 차가 갑자기 방향을 세게 틀어 길가의 큰 녹나무 한 그루와 부딪치더니, 시끄러운 소리를 내면서 나무 앞에 멈춰 섰다. 그 광경에 놀란 명설 가족은 모두 비명을 질렀다. 아빠는 서둘러 나무 왼쪽 길가에 차를 세웠다.

엄마가 조수석 문을 열고 제일 먼저 내려서 부서진 차량 쪽으로 달려가 살펴보았다. 차 앞부분은 움푹 파여 있고 운전석의 에어백이 터져 있는 것이 보였다. 운전자는 아가씨였는데, 상반신이 에어백에 푹 파묻힌 채 의식이 없었다. 엄마는 그녀의 코와 입이 에어백에 눌려 숨 쉬는 데 방해가 되지 않도록 급히 머리를 일으켜 세웠다.

아빠, 명설, 명안도 차에서 내려 달려왔다. 엄마는 명설에게 얼른 구급차를 부르라고 부탁했다. 명설이 말했다.

"이미 불렀어요. 음주 운전 신고하다가 교통사고까지 목격할 줄 몰라서 그냥 신고받던 경찰에게 사고 상황도 말했어요. 그 경찰이 구급차도 함께 출동하도록 전달해 줬대요."

그때 부상당한 운전자가 몸을 조금 움직였다. 아빠가 기뻐하며 말했다.

"깨어나서 다행이네."

명설이 앞으로 다가가 물었다.

"저기, 괜찮으세요?"

운전자는 신음 소리를 내며 힘없이 대답했다.

"가슴이 아프고 숨이 막히는 것 같아요."

엄마는 그녀를 안심시켰다.

"조금만 참으세요. 구급차가 곧 올 거예요."

잠시 후 사이렌 소리가 멀리서부터 점점 가까워지더니 경찰 차와 구급차가 함께 도착했다. 구급 대원은 도착하자마자 부상 자의 상태를 살펴보고 그녀와 간단한 대화를 나누었다. 그런 뒤에 조심스럽게 승용차 문을 열고 그녀를 들것으로 옮겨 구급차에 태우고 가버렸다. 경찰차에서 내린 두 명의 경관 중 나이가

깨어나서
다행이네.

윽…

가슴이 아프고
숨이 막히는 것
같아요.

저기,
괜찮으세요?

조금만
참으세요.
구급차가
곧 올 거예요.

왕 왕

많아 보이는 종 경관이 엄마 아빠에게 사고 경위를 물었다.

아빠가 조금 전 있었던 일을 자세히 진술하자, 옆에 있던 젊은 풍 경관이 인상을 찌푸리며 말했다.

"이야기를 듣고 보니 아무래도 운전자가 음주 운전을 한 것 같네요. 정말 나쁜 행동이에요. 이렇게 합시다. 보아하니 여러분은 관광객인 것 같군요. 모처럼의 휴가일 테니 저희가 여러분의 여행을 방해하지는 않을 겁니다. 대신 연락처를 남겨주시고 가세요. 필요하다면 경찰서로 불러 진술을 부탁하겠습니다."

그 후 두 경관은 현장에 남아 사진을 찍었고, 아빠는 다시 차를 몰고 놀이공원으로 향했다.

놀이공원에 도착한 후, 배가 너무 고팠던 가족은 식당으로 곧장 달려갔다. 뜻밖에도 식사 도중에 비가 주룩주룩 내리기 시작했다. 배불리 먹은 명설과 명안은 실내 놀이공원에서 놀고 엄마와 아빠는 계속 식당에 남아 커피를 마시며 이야기꽃을 피웠다. 비는 저녁 무렵까지 계속 내렸다. 날이 점점 어두워지자, 아빠는 차에 타라고 아이들을 불렀다.

"호텔에 가서 체크인해야 해."

호텔은 놀이공원과 가까워서 차를 타고 산길을 조금만 달리면 도착할 수 있었다. 그런데 그때 엄마가 깜빡하고 수면제를 안 챙겨왔다는 걸 알게 되었다. 엄마는 최근 2년간 불면증에 시

달려서 의사가 처방해 준 수면제를 복용하고 있었다. 그래서 아빠가 차를 몰고 다니면서 약국을 찾아냈다. 엄마가 적어준 약 이름을 가지고 약국으로 들어간 아빠는 몇 분 뒤에 빈손으로 나와서는 이렇게 말했다.

"약사가 그러는데, 그게 전문의약품이라 의사의 처방전 없이는 살 수 없대."

"다른 약국으로 가 봐요."

다행히 골목 몇 군데를 지나자 또 다른 약국이 나타났다. 아빠는 차를 세우고 약을 사러 갔다가 몇 분 뒤에 또다시 빈손으로 돌아왔다. 두 곳 모두 약을 팔지 않자 엄마는 포기할 수밖에 없었다.

"관둬요. 오늘 밤에는 약 없이 잘 수 있는지 시도해 보죠. 얼른 호텔로 가요. 안 그러면 명안이 또 배가 고프다고 아우성칠 테니까."

호텔에서 1박을 하면서 두 번의 식사를 제공받는 패키지를 구매한 명설 가족은 저녁 식사로 호텔 부설 식당에서 유럽식 뷔페를 즐겼다. 식사를 마친 그들은 호텔 헬스장에서 운동을 하고 방으로 돌아와 휴식을 취했다.

다음 날 아침, 커튼을 열어젖히던 명안이 큰 소리로 감탄했다.

"우와! 아름답다!"

아침 햇살 아래 호수의 환상적인 풍경이 한눈에 들어왔다. 명안의 탄성 소리에 깨어난 나머지 가족들도 베란다로 모두 나와 호수 수면의 멋진 경치를 감상했다. 아빠가 엄마에게 관심을 보이며 물었다.

"어젯밤에 잠은 잘 잤어?"

엄마는 기뻐하며 말했다.

"수면제가 없으면 잠을 못 잘까 봐 걱정했는데 예상외로 날이 밝을 때까지 푹 잤어요. 아마 어젯밤에 운동해서 몸이 피곤했나 봐요!"

아빠가 말했다.

"그럼 간단하네. 앞으로는 매일 운동을 해야겠어. 수면제 먹는 것보다 낫잖아."

명설도 적극적으로 찬성했다.

"맞아요! 약은 부작용이 있으니까요. 의사의 처방전 없이 구매할 수 없는 수면제가 있다고 해서 인터넷을 좀 찾아봤는데, 알고 보니 부작용이 심한 수면제도 있더라고요."

그때 아름다운 아침 시간을 낭비하고 싶지 않았던 명안이 그들의 대화를 끊고는 호수 주변으로 구경하러 가자고 소리쳤다. 엄마가 말했다.

"그래, 오늘 호텔 조식은 7시 이후에 시작된대. 어제 정오부터 한밤중까지 내리던 비가 드디어 그쳤으니 식사 전까지 호수 주변을 산책하자."

산책 후에 그들은 식당으로 가서 아침을 먹으면서 그날 일정에 대해 의논했다. 모처럼 여행을 떠나왔으니 그곳에 오래 머물면서 유람선을 타는 것이 좋겠다는 의견이 나왔다. 그런데 의논 도중에 갑자기 아빠의 휴대전화가 울렸다.

전화를 건 쪽은 어제 일어난 교통사고를 담당하는 종 경관이었다. 그는 몇 가지 의문점이 있으니 오전에 파출소로 와서 조사에 협조해 달라고 말했다. 엄마는 이맛살을 찌푸리며 말했다.

"그럼 오늘 우리 계획은 물거품이 되는 건가요?"

하지만 명설과 명안은 오히려 더 흥분했다.

"조사 협조요? 재밌겠다!"

아빠는 그런 아이들에게 찬물을 끼얹었다.

"경찰은 단지 우리에게 목격한 것을 진술해 달라는 거야. 설마 너희 같은 어린 탐정들을 불러 도와달라고 할 거라 생각했니?"

"상관없어요! 어쩌면 우리가 사건 해결에 약간의 의견을 보탤 수도 있잖아요."

명안은 자신 있게 말했다.

명설 가족은 아침 식사를 마친 후 짐을 정리해서 호텔을 일찍 떠났다. 그 후 타고 왔던 길을 되돌아가서 20분 뒤에 파출소에 도착했다. 명설 가족이 파출소 입구에 있던 당직 경찰관에게 찾아온 사정을 이야기하자, 그가 즉시 종 경관과 풍 경관에게 연락을 취했다. 종 경관은 미안한 마음을 가득 담아 명설 가족에게 말했다.

"이거 참 죄송합니다. 한창 휴가를 즐기고 계셨을 텐데요. 그런데 말이죠…."

엄마가 걱정스러운 듯 물었다.

"그 아가씨는 좀 어떤가요?"

"부상이 가볍지 않았지만 병원에서 치료를 받고 많이 회복했습니다. 아직 병원에 있어요."

풍 경관이 자세히 알려주었다. 아빠는 이해가 되지 않아 물었다.

"그런데 뭘 물어보시려고 저희를 부르셨나요?"

"어제 전 선생님께서 사고 당사자가 비틀비틀 운전하는 모습이 음주 운전으로 의심된다고 말씀하셨죠? 그런데 혈액 검사 결과 알코올 도수가 0으로 나왔습니다. 사고 당사자의 이름은 '황예배'입니다. 황 씨도 자신이 술을 마시지 않았다고 주장하고 있어요. 그래서 어제 목격하신 운전 상황을 다시 확인하려고 불렀습니다. 그 밖에도 좀 난감한 일이 있어요…. 황 씨 말에 따르면 자신이 차고 있던 금시계가 사라졌다고 합니다."

명설 가족은 서로 쳐다보았다. 아빠는 이해가 되지 않아 두 경관에게 다시 물었다.

"설마 그 시계를 우리가 훔쳤다고 의심하시는 건가요?"

종 경관은 극구 해명했다.

"오해는 마세요. 저는 의심하지 않습니다. 여러분이 정말로 시계를 훔쳤다면 우리가 현장에 도착할 때까지 그곳에서 기다리지 않았을 테니까요. 다만 지금 이 일이 단순 교통사고에서 절도 사건으로 번지고 있어서 제대로 수사하지 않으면 안 되는 상황입니다."

그 말에 명설은 갑자기 고개를 숙이고 휴대전화로 검색을 시작했다. 아빠가 말했다.

"그분이 어제 술을 마셨는지 아닌지는 저도 확신할 수 없지만 운전하는 모습은 정말 이상했어요…. 아! 좋은 수가 있네요. 제 차에 블랙박스가 있어요. 그분이 비틀거리며 운전하는 모습이 거기에 녹화되어 있을 겁니다. 어쩌면 사고가 나고 경찰들이 도착할 때까지의 과정도 모두 녹화되었을지 모르죠. 그럼 우리가 혐의를 벗을 수 있겠네요. 잠깐만 기다리세요. 블랙박스를 가져오겠습니다."

그때 명설이 고개를 들더니 엄마에게 말했다.

"지도를 찾아보니 여자가 입원해 있는 병원이 여기서 불과

500미터 떨어진 거리에 있네요. 지금 그분 병문안을 가고 싶어요."

명설이 탐정 본능을 발휘해서 사고 당사자에게 무언가를 물어보려고 한다는 것을 눈치 챈 엄마가 물었다.

"그분이 우리와 아는 사이도 아닌데 무턱대고 찾아간다고 우릴 만나주겠니?"

그러자 종 경관이 말했다.

"문제없습니다. 어제 그분도 상태가 좀 안정된 뒤에 우리 질문을 받으면서 줄곧 여러분의 도움에 직접 감사를 드리고 싶다고 말했거든요! 그럼 이렇게 합시다. 전 선생님은 일단 이곳에 남아서 저희 조사를 도와주시고, 나머지 가족들은 병원에 가서 그분과 면회를 겁니다. 그럼 여러분들의 소중한 시간을 낭비하지 않을 거예요."

곧이어 풍 경관이 경찰차를 몰고 엄마, 명설, 명안을 병원으로 데리고 갔다.

황예배는 여전히 몸이 허약해 보였고 정신이 흐릿해 명설 가족을 알아보지 못했다. 풍 경관이 어제 황예배를 구해준 사람들이라고 소개하자, 그녀는 곧바로 정신을 차리고 침대에서 몸을 일으켜 앉아 더듬더듬 감사 인사를 전했다. 그녀는 교통사고의 원인에 대해 이야기할 때도 말을 더듬었지만 여전히 자신이 술을 마시지 않았다고 주장했다. 풍 경관이 그녀를 안심시키며 말했다.

"그건 걱정하지 마세요. 혈액 검사를 통해서 당신이 술을 마시지 않았다는 것이 증명되었으니까요. 지금은 교통사고 원인과 금시계를 잃어버린 경위만 밝혀내면 됩니다."

황예배는 곤혹스러워하며 말했다.

"저도 제가 왜 가로수를 들이받았는지 잘 모르겠어요. 사실 저는 어제 점심 때 시내의 한 식당에서 밥을 먹은 이후로 기억이 없어요. 국경절 연휴라서 식당에 손님이 많았어요. 그래서 종업원이 어떤 손님과 한 테이블에 앉도록 안내했죠. 그 사람이 고맙다는 의미로 술을 한잔 사주겠다고 했는데, 제가 정중히 거절하니까 콜라를 한잔 사주더라고요. 그걸 마셨는데, 그 후부터 잘 기억나지 않아요."

명안이 물었다.

"혹시 그 콜라를 직접 땄어요?"

"병에 든 콜라가 아니었어. 그 사람이 카운터에 가서 주문하고 종이컵에 받아온 콜라였어."

풍 경관은 순간 무엇이 문제였는지 알아차렸다.

"컵에 든 음료라면 카운터에서 테이블로 가져오는 도중에 약을 탈 수도 있어요!"

명설은 고개를 끄덕였다.

"맞아요. 그리고 이분 금시계도 누가 훔쳤는지 알 것 같아요. 사건의 경위는 아마 이럴 겁니다. 범인은 이분 손목에 찬 금시계가 탐났을 거예요. 그래서 약, 제 생각에는 수면제 같은데, 아무튼 그걸 탄 콜라를 마시게 해서 이분을 기절시키고 그 틈에 금시계를 훔쳤을 겁니다. 그 후에 이분이 정신이 혼미한 가운데 무리하게 차를 몰아 운전하다가 결국 가로수를 들이받은 거죠. 지금 당장 병원에 의뢰해서 이분의 수면제 복용 여부를 검사해 봐야 해요."

풍 경관이 깜짝 놀라며 물었다.

"학생의 말은 정말 합리적이고 사건 경위와도 일치해. 하지만 이분이 약을 먹었다는 걸 어떻게 그리 빨리 추론해냈니?"

"우리가 어제 이분의 차를 뒤따라가면서 비틀비틀 운전하는 모습을 직접 목격했으니까요. 당시 이분이 운동 실조 상태였다는 걸 알 수 있죠. 하지만 검사에서 술을 마시지 않았다고 하니까, 유일한 가능성은 약물의 영향을 받았다는 것뿐이에요. 어제 제가 다른 사정이 있어서 수면제 부작용에 대해 검색했었는데, 이분처럼 음료수를 마시기 전의 일만 기억나고 그 후의 일은 전혀 기억 못하는 것을 순행성 기억상실증이라고 하더라고요. 플루니트라제팜 같은 특정 수면제가 그런 기억상실증을 유발할 수 있다고 했어요. 게다가 지금 이분이 말을 더듬고 기운이 전혀 없는 것도 모두 약 때문일 수 있어요."

풍 경관은 고개를 끄덕이며 명설의 말에 동의했다.

"만약 학생 추측대로 이분이 마신 콜라에 플루니트라제팜이 들어 있었다면 범인의 동기가 정말로 무섭구나. 그런 약들은 FM2라고도 하는데 성폭력 범죄에 남용되고 있어."

그때 종 경관도 아빠와 함께 병원으로 왔다.

아빠가 말했다.

"다행히 내 차 블랙박스에 사고 발생 과정이 녹화되어 있었어. 경찰이 오기 전까지 우리의 일거수일투족도 기록되어 있었지. 우리가 주고받은 대화까지 포함해서 말이야. 그래서 이분이 금시계를 잃어버린 일은 우리와 무관하다는 게 증명되었어. 이제 출발해도 돼."

종 경관은 고개를 숙여 사과했다.

"시간을 뺏어서 죄송합니다."

그때 풍 경관이 명설이 알아낸 내용들을 종 경관에게 보고했다. 종 경관은 사건이 해결된 것을 기뻐하면서 즉시 풍 경관에게 지시했다.

"어서 황 씨가 말한 식당으로 가서 CCTV 화면을 찾아보고 당시 누가 콜라를 건넸는지 확인해 봐. 중간에 콜라에 약을 넣는지도 잘 살펴봐야 해. 나는 병원에서 황 씨와 약물 검사를 진행하겠네."

아빠는 병원 입구를 가리키며 가족들을 향해 말했다.

"차가 밖에 주차되어 있어. 다음 일정으로 넘어가자!"

명설 가족은 가까운 곳에 있는 박물관을 둘러보고 근처 식당으로 가서 밥을 먹었다. 식사를 마친 후에는 느긋하게 이야기를 나누며 잠시 휴식을 취한 뒤 집으로 돌아갈 채비를 했다. 그때 종 경관의 전화가 걸려왔다.

"두 어린 탐정에게 고맙군요. 우리는 식당 CCTV 화면에서 범인이 황 씨에게 약을 먹이고 몰래 시계를 훔쳐 가는 장면을 찾아냈습니다. 그리고 그 사람이 누구인지도 파악해서 이미 체포하러 갔어요. 그 밖에도 병원에서 재검사해 본 결과 황 씨가 다량의 플루니트라제팜을 복용한 것으로 확인되었습니다."

배도 채우고 사건 해결 소식도 들은 명안은 환하게 웃었다.

사건 너머의 과학

속칭 FM2라 불리는 플루니트라제팜은 처음에 불면증을 치료하는 진정제로 사용되었다. 플루니트라제팜은 의존성이 생기게 만들며, 과량 투여하면 균형감각과 언어능력 손상, 호흡곤란, 혼수상태를 일으키고 사망에 이를 수 있다. 플루니트라제팜은 물에 녹으면 무색, 무취, 무미해서 범죄자들이 '데이트 폭력'에 악용한다. 하지만 통계적으로는 이런 약물이 성범죄에 사용되는 것보다 강도 사건에 사용되는 경우가 더 많다.

플루니트라제팜의 또 다른 부작용은 기억상실증으로, 약을 먹은 뒤에 일어난 일을 잊어버린다. 이 때문에 경찰이 수사의 어려움을 겪는다.

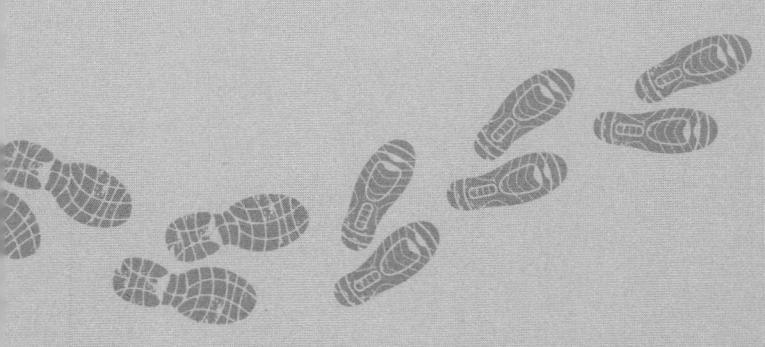

과학 소녀, 추리를 시작합니다 1. 일상 속 위기 편

제1판 1쇄 인쇄 | 2026년 1월 5일
제1판 1쇄 발행 | 2026년 1월 14일

지은이 | 천웨이민
감　수 | 이광렬
옮긴이 | 김진아
그린이 | 론론
펴낸이 | 하영춘
펴낸곳 | 한국경제신문 한경BP
출판본부장 | 이선정
편집주간 | 김동욱
책임편집 | 박정현
교정교열 | 최은영
저작권 | 백상아
홍보마케팅 | 김규형·서은실·이여진·박도현
디자인 | 이승욱·권석중

주　소 | 서울특별시 중구 청파로 463
기획편집부 | 02-360-4556, 4584
홍보마케팅부 | 02-360-4595, 4562　FAX | 02-360-4837
H | http://bp.hankyung.com　E | bp@hankyung.com
F | www.facebook.com/hankyungbp
등　록 | 제 2-315(1967. 5. 15)

ISBN 978-89-475-0229-0　44400
　　　978-89-475-0225-2　(세트)